中等职业教育改革发展示范学校系列教材

传感器技术应用

主　编　芦锦波

参　编　时　珍　王红燕　刘　倩　杨　娜

主　审　胡　峥

机械工业出版社

本书是中等职业学校电子信息类专业教材，是以提高中职电子信息类学生对传感器技术课程学习兴趣为前提，体现“工作任务引领、做学教一体化”教学模式的项目式教材。书中将传感器技术的教学内容设计成若干个工作任务，以工作任务为线索，引出传感器的定义、传感器的类型、传感器的工作原理、传感器工作过程、传感器应用电路分析、传感器信号处理的知识和技能学习。本书的教学内容主要包括传感器基础知识、温度传感器、压力传感器、光电传感器、位移传感器、机器人传感器六大模块。

本书可作为中职学校电子信息类专业核心课程教材，也可作为相关岗位职业培训教材。

图书在版编目（CIP）数据

传感器技术应用/芦锦波主编. —北京：机械工业出版社，2013.9
（2025.1重印）
中等职业教育改革发展示范学校系列教材
ISBN 978-7-111-43899-1

Ⅰ.①传… Ⅱ.①芦… Ⅲ.①传感器-教材 Ⅳ.①TP212

中国版本图书馆CIP数据核字（2013）第208728号

机械工业出版社（北京市百万庄大街22号 邮政编码100037）
策划编辑：高 倩 责任编辑：赵红梅
版式设计：常天培 责任校对：刘秀芝
封面设计：路恩中 责任印制：张 博
北京建宏印刷有限公司印刷
2025年1月第1版第16次印刷
184mm×260mm · 8.25印张 · 201千字
标准书号：ISBN 978-7-111-43899-1
定价：25.00元

电话服务
客服电话：010-88361066
010-88379833
010-68326294

网络服务
机 工 官 网：www.cmpbook.com
机 工 官 博：weibo.com/cmp1952
金 书 网：www.golden-book.com
机工教育服务网：www.cmpedu.com

前　　言

本书从中职生的角度出发，坚持“做学教一体化”，着眼于提高中职电子信息类专业学生的应用能力和解决实际问题的能力，使学生在学完本课程后，能掌握传感器技术应用的基本知识和基本技能，成为适应生产、建设、管理、服务第一线需要的，具有较高素质的应用型技术人才。

本书特点包括：

1. 打破传统教学内容的学科式体系，构建以任务引领和职业能力培养体系以及职业标准为依据的课程内容。

2. 本书体现基础性、趣味性和开拓性相统一的课程思想，激发学生对所学专业课程的热爱与追求，鼓励学生开展创造性思维活动。

3. 本书内容凸显实践性、应用性和层次性的特征，不求体系的完整性，强调与岗位业务相吻合，并使学生易学、易懂、易接受。

4. 本书图文并茂，增加直观性，有利于初学者引发学习兴趣，提高学习的持续性。

5. 本书将教材与学材融为一体，工作任务中包括活动思考，巩固练习。

全书分为六个模块，计划学时56学时，各模块的教学时数分配可参考下表，学时数可根据学生具体情况进行调整。

内容	模块一	模块二	模块三	模块四	模块五	模块六
学时	6	14	14	12	6	4

本书由芦锦波主编，胡峥主审。芦锦波编写模块二、模块六并负责了全书的统稿工作，时珍编写模块一和模块四，王红燕编写模块三，刘倩、杨娜编写模块五。

由于软件原因，书中部分电路元器件图形符号与现行国际不符，敬请谅解。

目　录

模块一 传感器基本知识

模块学习目标

1. 了解生活中用到的传感器件。
2. 了解传感器的作用、地位。
3. 了解传感器的组成、基本特性。
4. 了解测量与误差的概念。
5. 能指出常见电子产品中用到的传感器件。

人用感觉器官来获取外界的信息，再通过神经传送给大脑，进行分析处理后，指挥行为动作。如果把人体看作是一个信息系统的话，那么眼、耳、鼻、舌、皮肤等感觉器官就是这个信息系统的传感器。

任务一 认识传感器

【任务描述】

通过手机中应用的传感器了解传感器。

【材料准备】

手机一部。

【任务实施】

了解手机相关功能，并对手机的功能进行分类、归纳。然后将手机的功能分类记录下来。

功能描述：1. ______________________
2. ______________________
3. ______________________
4. ______________________
5. ______________________

实践报告：

描述你的手机哪些功能与传感器件有关，并填写报告表1-1。

表 1-1　实践报告表

序　号	功能用途	描　述
1		
2		
3		
4		

【知识学习】

随着科学技术的进一步发展，单凭人的感觉器官来获取信息已远远不能满足需要，于是人们研制了各种传感器，使人类获取信息的领域更宽广、更深入。下面介绍几种传感器在生活中的应用实例。

1）楼梯走道声光控开关：在有声音和晚上的时候，楼道灯才开启，声光控开关的应用为节约能源做出了很大贡献。

2）电饭锅温控开关：锅内温控材料温度到达居里点即停止加热。在温度传感器的硬件支持下，使得具有这种功能，大大方便了人们的生活。

3）电子秤：无需复杂操作，就能很快称出物体的质量，而且一般来说很精确。这是因为在秤盘下安装压力传感器再加上一些测量显示电路，使得能又快又好的称出质量，一切都得益于传感器的发展。

4）电子温度计：简单快捷精确测量人体体温。在电子温度计内部加入红外传感器，由于人体在不同温度下发射红外线的强度等因素皆有不同，利用此特点即可很快在人群中找到发热病人。

5）MP4 上的触摸键：无需原来的机械按压，即可进行操作，使机身的寿命更长久，尤其是“按键”的寿命更是长久。

6）手机的触摸屏：分几种，有的是点触摸，有的是面触摸，不尽相同，工作原理却是一致的，只是硬件材料上的支持有所不同，所以出现不同的操作方式，说回来还是传感器在发挥作用。

7）电熨斗：熨烫衣物，使衣物保持整洁。不过在加热中有一个问题需要解决，那就是加热温度的问题，所以另一种温度传感器应运而生，在达到一定温度时，就会出现断电使温度保持在一定的范围内，此举与电饭锅有异曲同工之妙。

8）汽车称重：在渡口为汽车称重，既是用上此种传感器，压力传感器使得即使是很重的物体也能在短时间内准确称出，此为大型的压力应变片传感器的应用。

9）自动门：在一些重要场合就会有自动门的身影，当人靠近时就会自动根据情况开关门。这些门上也是应用了传感器，当有人靠近时，会自动开门，当然这也是结合了若干电子系统的成果。

10）厕所便池：当人靠近时就会现有水流出现，当人离开时就会第二次冲水，此举为厕所的节水以及洁净做出了巨大贡献，是结合光电传感器以及电子系统的成果。

综上：我们可以发现，传感器与电子系统的结合，已应用于我们生活的方方面面（参考图 1-1），并且使我们的生活更加方便、快捷、智能，因此，传感器应用技术的学习已成为电子技术专业学生的必修课程。

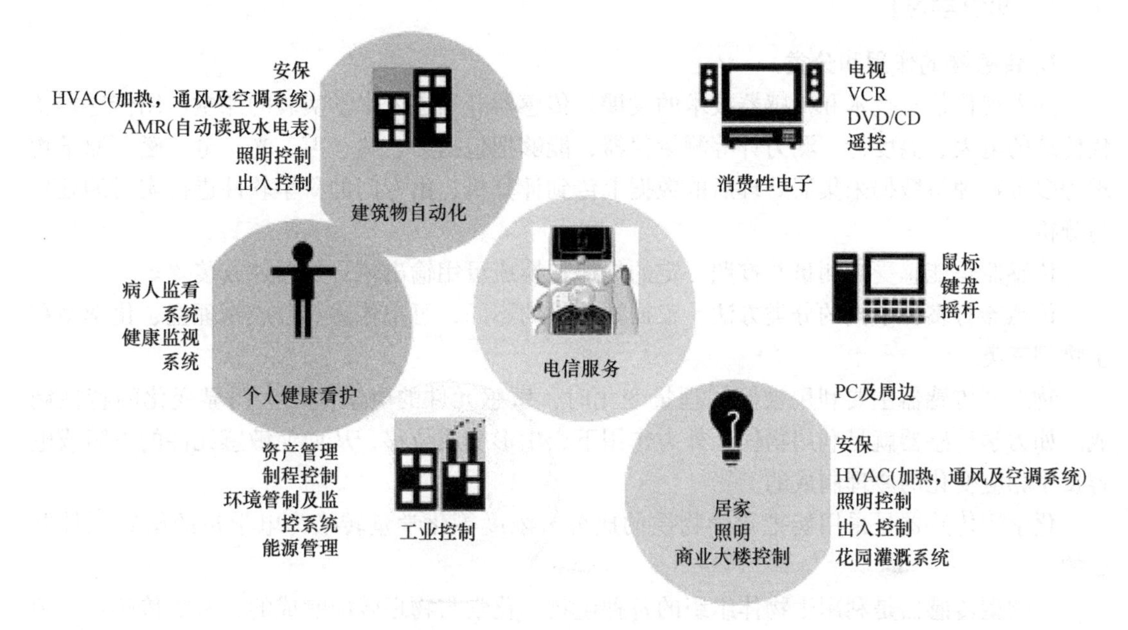

图 1-1　传感器的应用（一）

任务二　了解传感器的基本知识

【任务描述】

通过观察生活中用到的传感器了解传感器的地位和作用。

【材料准备】

家中的电子产品。

【任务实施】

1. 观察家中的电子产品，有哪些用到了传感器
2. 完成实训报告

描述你家里的电子产品哪些与传感器件有关并填写表 1-2。

表 1-2　身边的传感器

序　号	产品名称	传感类型	描　述
1			
2			
3			
4			

【知识学习】

1. 传感器的作用和分类

随着现代信息技术和传感器技术的发展，传感器开始进入中学实验的课堂。用传感器替代传统的电表、温度计、测力计等测量仪器，能够把包括力、热、声、光、电、磁、原子物理等多种物理量数据采集器处理后的数据上传到计算机，由专门的科学软件进行实时的处理与分析。

传感器是能感受被测量并按照一定的规律转换成可用输出信号的器件或装置。

传感器有多种不同的分类方法，根据被测量的不同，可把传感器分成物理型、化学型和生物型三类。

物理型传感器主要利用被测物理量变化时，敏感元件的电学量发生明显变化的特性制成。如力学传感器就是利用物体在外力作用下产生形变或位移，从而使敏感元件的电阻或电容发生相应变化的原理制成的。

化学型传感器是采用能把化学物质的成分、浓度等化学量转换为电学量的敏感元件制成的。

生物型传感器是利用生物体组织的各种生物、化学与物理效应制成的，有酶传感器、免疫传感器等。

20 世纪 70 年代，随着信息技术和计算机技术的发展，传感器技术迈入了快速发展时期。我国将传感器技术列为重点发展的尖端技术，投入大量人力、物力，研制和开发了各种新型的传感器。目前传感器技术已经深入到日常生活、生产、科学研究和军事技术等各个领域，如图 1-2 所示。

图 1-2　传感器的应用（二）

2003 年，当 SARS 肆虐时，在机场、车站等公共场所都配备了红外测温仪。这是一种将红外辐射波转换成电信号的传感装置，能够非接触快速测温，可帮助机场、车站工作人员快速检测旅客体温，而又不会造成交叉感染。

在数码摄像器材中，使用了一种新型的敏感元件，叫做电荷耦合器件，它能将光信号转换成模拟电信号。模拟电信号再通过一种专门的装置——A/D 转换器就可转换为数字电信号，以便于计算机处理。处理后的图像信号可根据需要储存或发送出去。

机动车驾驶员酒后驾车，极易发生交通事故，严重危害交通安全和人身安全。怎样才能判定驾驶员酒后驾车呢？人饮酒后，酒精通过消化系统被人体吸收，经血液循环，经过肺部时有部分酒精随气体呼出，呼出气体的酒精含量与血液中的酒精含量有一定的比例关系，因此测量呼气中的酒精含量就可以判断饮酒程度。我国已制成对低浓度有高灵敏性的酒精传感器。交通警察使用这样的酒精传感器，就能迅速检查出机动车驾驶员是否酒后驾车。

传感器在现代生活中应用的例子还有很多，如煤气报警器、红外报警器等。

2. 传感器的发展前景

传感器技术、计算机技术和通信技术并列成为信息产业的三大支柱。

“十二五”期间，我国仪器仪表行业将主要围绕国家重大工程、战略性新兴产业和民生领域的需求，加快发展先进自动控制系统、大型精密测试设备、新型仪器仪表及传感器三大重点。

在行业关键技术方面，未来五年将重点解决下面技术：

（1）新兴传感器技术　传感器作为传感网的基础元件，在今后将有十分广阔的发展前景。目前新型传感器技术包括固态硅传感器技术、光纤传感器技术、生物芯片技术、基因芯片技术、图像传感器技术、全固态惯性传感器技术、多传感器技术等在这一领域，重点发展新原理、新效应的传感技术，传感器智能技术，传感器网络技术，微型化和低功耗技术，以及传感器阵列及多功能、多传感参数传感器的设计、制造和封装技术。“十二五”将以智能传感器作为重点，进行关键技术攻关。在这一领域，重点发展新原理、新效应的传感技术，传感器智能技术，传感器网络技术，微型化和低功耗技术，以及传感器阵列及多功能、多传感参数传感器的设计、制造和封装技术。

（2）工业无线通信网络技术　工业无线通信网络作为有线工业通信网络的补充，已经得到普遍认同。我国在工业无线通信网络方面已经取得一定成果，继续加强开发有可能在这方面走在世界前列。而在这一领域，宜重点关注工业无线通信网络标准的制订，以及工业无线通信网络认证技术。

（3）功能安全技术及安全仪表　功能安全技术及安全仪表是国际上最近发展的新技术，目的是防止工业设施产生异常事故，以致危及人身与设备的安全。这项技术及相关仪表产品已经获得用户的广泛关注。我国大型石化工程建设项目已经规定必须事先进行功能安全的评估。我国工业设施突发事故发生比较频繁，研究安全仪表技术有很重要的意义。这一领域重点发展的产品包括：达到整体安全等级 SIL3 的控制系统、温度变送器、压力/压差变送器、电动执行机构/阀门定位器的开发与应用，同时也包括安全仪表系统评估技术方法研究和评估工具的开发。

（4）精密加工技术和特殊工艺技术　我国高中档检测设备与国外的差距很大程度上是精密加工和特殊工艺技术的差距。当前的重点是多维精密加工工艺，精密成型工艺，球面、非球面光学元件精密加工工艺，晶体光学元件磨削工艺，特殊光学薄膜设计与制备工艺，精密光栅刻划复制工艺，特殊焊接、粘接、烧结等特殊连接工艺，专用芯片加工技术，MEMS 技术，全自动微量、痕量样品分析与处理技术等。

（5）分析仪器功能部件及应用技术　对分析仪器的关键部件，如检测器、四级杆、高压泵、阀门、磁体、专用光源和电源、全自动进样器、长寿命高灵敏电极、中阶梯光栅、高精度电子引伸计等关键零部件进行攻关，提高仪器整机的稳定性和可靠性。同时开发针对不同应用领域的谱图和数据库。

（6）智能化技术　其特点是具有自校准、自检测、自诊断、自适应功能；具有复杂运算和误差修正的数据处理能力；具有自动完成指定测量任务的功能；用于科学测试仪器和控制系统的专家系统软件等。

（7）系统集成和应用技术　当前应重点发展不同生产厂商控制系统之间的无缝连接集成技术；大型项目的自动化设备主供应商应具备的项目策划、设计、组织、采购、验收、调试等项目管理技术。

敏感元件与传感器是电子信息装备制造业中的基础类产品，是重点发展的新型电子元器件中的特种元器件。传感器是名副其实的朝阳产业，传感器产业以其技术含量高、经济效益好、渗透能力强、市场前景广等特点为世人瞩目。随着现代科学技术的发展，特别是微电子技术和计算机技术的普及和提高，传感器与敏感元件在新技术革命中的地位和作用更加突出。

从应用范围来看，敏感元件与传感器广泛应用于生态农业领域、医学领域、环境保护领域、汽车工业领域、工业过程控制和监测、国防建设等领域。

根据中国电子元件行业协会敏感元器件与传感器分会的统计，我国敏感元件与传感器产业2008年总产量达23.93亿只，年销售额达480亿元。据CCID-MRD（中国电子信息产业发展研究院微电子研究所）预测，2010年我国传感器与敏感元件市场销量将超过600亿元。未来五年，国内传感器与敏感元件市场平均销售增长率将达31%。

根据中国电子元件行业协会敏感元器件与传感器分会的规划，在“十二五”期间着力培育传感器骨干企业，力争达到传感器企业百亿以上销售收入企业5家，10亿元以上销售收入企业20家，20～30家销售收入超过5亿元。

“十一五”、“十二五”我国传感器产业增长情况见表1-3。

表1-3　“十一五”、“十二五”我国传感器产业增长情况

序　号	产品类别	单　位	“十一五”期末		“十二五”期末	
			国内销售收入/产量	国内市场	国内销售收入/产量	国内市场
1	力学量传感器	亿元	120	110	200	190
2	化学量传感器	亿元	80	110	130	125
3	磁敏传感器	亿元	80	60	140	100
4	光学传感器	亿元	140	120	210	150
5	温度传感器	亿只	100	90	180	160
6	湿度传感器	万只	30	29	50	45
7	其他	亿元	50	48	70	50

3. 传感器的组成

传感器通常由敏感元件、转换元件和测量电路组成，如下图1-3所示。

敏感元件是指传感器中能直接感受被测量的部分。

转换元件是指传感器中能将敏感元件输出转换为适于传输和测量的电信号部分。

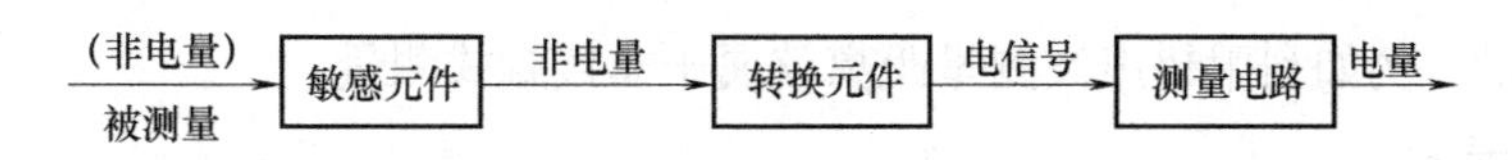

图1-3　传感器组成方块图

测量电路是指由于传感器输出信号一般很弱，需要有信号调节与转换电路将其放大或转换为容易传输、处理、记录和显示的形式。

传感器输出信号有很多形式，如电压、电流、频率、脉冲等，输出信号的形式由传感器的原理确定。常见的信号调节与转换电路有放大器、电桥、振荡器、电荷放大器等，它们分别与相应的传感器配合。

在有的国家和有些科学领域，将传感器称为变换器、检测器或探测器等。应该说明，并不是所有传感器都能明显分清敏感元件、传感元件和测量转换电路三个部分，它们可能是三者合一的。随着半导体器件与集成技术在传感器中的应用，传感器的测量转换电路可以安装在传感器的封装里或与敏感元件集成在同一芯片上。例如半导体气体传感器、湿度传感器等，它们一般都是将感受的被测量直接转换为电信号，没有中间环节。

4. 传感器的基本特性

传感器的基本特性，即输入—输出特性，主要分为静态特性和动态特性。

静态特性是指被测量不随时间变化或随时间变化缓慢的输入与输出间的关系。因为这时输入量和输出量基本和时间无关，所以它们之间的关系，即传感器的静态特性可用一个不含时间变量的代数方程，或以输入量作横坐标，把与其对应的输出量作纵坐标而画出的特性曲线来描述。表征传感器静态特性的主要参数有：线性度、灵敏度、分辨力和迟滞等。

动态特性是指被测量随时间快速变化时传感器输入与输出间的关系。在实际工作中，传感器的动态特性常用它对某些标准输入信号的响应来表示。这是因为传感器对标准输入信号的响应容易用实验方法求得，并且它对标准输入信号的响应与它对任意输入信号的响应之间存在一定的关系，往往知道了前者就能推定后者。最常用的标准输入信号有阶跃信号和正弦信号两种，所以传感器的动态特性也常用阶跃响应和频率响应来表示。

知识拓展：

测量与误差

测量是人们利用专门的仪器设备，通过实验的方法，对被测的对象进行信息收集、数值取得的过程。

1. 测量方法

测量的方法从不同的角度出发有不同的分类方法，常见的分类有：

(1) 直接测量和间接测量

利用仪器设备直接读取被测量的测量结果称为直接测量。例如用指针式万用表测量电流、电压等。

已知被测量与某一个或若干个其他量具有一定的函数关系，通过直接测量这些量，再用函数式计算出被测量值的测量方法，叫间接测量。例如：测量城市之间公路的距离。

(2) 接触式测量和非接触式测量

测量时需要与被测对象接触的测量称为接触式测量。测量时不与被测对象接触的测量称为非接触式测量。例如利用超声波测量距离就属于非接触式测量。

2. 测量误差

要取得任何一个量的值，都必须通过测量完成。但实际上任何测量方法测出的数值都不可能是绝对准确的，总是存在“误差”。这是因为测量设备、仪表、测量对象、测量方法、测量者本身都不同程度受到自身和周围各种因素的影响。任何一个量的绝对准确值只是一个理论概念，称之为这个量的真值，真值在实际中无法测量出来，测量的目的是在合理的前提下测量值越逼近真值越好。所谓约定真值是与真值的差可以忽略且可以代替真值的值。在实际中，测量结果与被测量的约定真值之间的差值称为误差。

误差的表示方法有以下几种。

（1）绝对误差

绝对误差 ΔX 是指测量值 X 与约定真值 A_0 间的差值。

$$\Delta X = X - A_0 \tag{1-1}$$

（2）相对误差

1）实际相对误差 δ_A，用绝对误差 ΔX 与约定真值 A_0 的百分比表示。

$$\delta_A = \frac{\Delta X}{A_0} \times 100\% \tag{1-2}$$

2）满度相对误差 δ_m，用绝对误差 ΔX 与仪器的满度值 x_m 的百分比表示。

$$\delta_m = \frac{\Delta X}{x_m} \times 100\% \tag{1-3}$$

当满度相对误差公式中 ΔX 取最大值 Δm 时，常用来确定仪器仪表的准确度等级 S。

$$S = \frac{\Delta m}{x_m} \times 100\% \tag{1-4}$$

目前，我国生产的仪器仪表常用的准确度等级有0.005、0.02、0.05、0.1、0，2、0.4、0.5、1.0、1.5、2.5、4.0等。如果某台测温仪的允许误差为±1.5%，则认为该仪器仪表的准确度等级符合1.5级。

例1-1 某台测温仪的测温范围为200～700℃，最大绝对允许误差为4℃，试确定该仪表的精度等级。

解：该仪表的相对百分误差为，$\delta = \frac{4}{700-200} \times 100\% = 0.8\%$

由于国家规定的准确度等级中没有0.8级的仪表，同时该仪表超过了0.5级仪表所允许的最大误差，所以这台仪表的准确度等级为1.0级。

巩固练习

1. 简述传感器在生产、生活中应用。
2. 描述误差表示的两种方法。
3. 试绘出传感器组成框图并说明组成部分的作用。
4. 什么是测量？举两个实例说明接触式测量与非接触式测量。
5. 一台准确度为0.5级、量程范围600～1200℃的温度传感器，它最大允许绝对误差是多少？校验时某点最大绝对误差是4℃，分析此表是否合格。

模块二　温度传感器

模块学习目标

1. 掌握温度的概念，理解不同温标的含义。
2. 识别常用温度传感器，理解其测温原理和使用方法。
3. 了解家用电器、工业生产中温度的检测方法和实例。
4. 能装配和调试简易超温报警器。

温度是表征物体冷热程度的物理量，是物体内部分子无规则运动的程度。物质的特性或性能与温度有着密切的联系。从工业炉温、环境气温到人体温度；从海洋、太空到家用电器，各个技术领域都离不开温度测量和控制。

温度传感器是通过物体随温度变化而改变某种特性来间接测量温度的。不少材料、元件的特性都随温度的变化而变化，所以能作为温度传感器的材料相当多。温度传感器随温度引起变化的物理参数有：膨胀、电阻、电容及光学特性等。因此温度传感器被广泛用于工农业生产、科学研究和生活等领域，其数量之高居各种传感器之首。

子模块一　电阻式温度传感器

子模块知识目标

1. 通过本子模块的训练，理解电阻式温度传感器的热电阻效应。
2. 掌握电阻式温度传感器的不同类型和应用特点。
3. 能讲述电阻式温度传感器典型应用电路工作过程。

子模块技能目标

1. 能用万用表检测电阻式温度传感器的热电效应。
2. 能装配和调试简易超温报警器。

电阻式温度传感器是利用导体或半导体材料的电阻值随温度变化而变化的原理来测量温度的。广泛应用于中、低温（－220～850℃）范围内的温度测量，属于直接接触式测量温度传感器。按制造材料来分，一般把由金属导体铂、铜、镍等制成的测温元件称为金属热电阻传感器，简称热电阻；把由半导体材料制成的测温元件称为热敏电阻。它们在电路中的符号如图 2-1 所示。

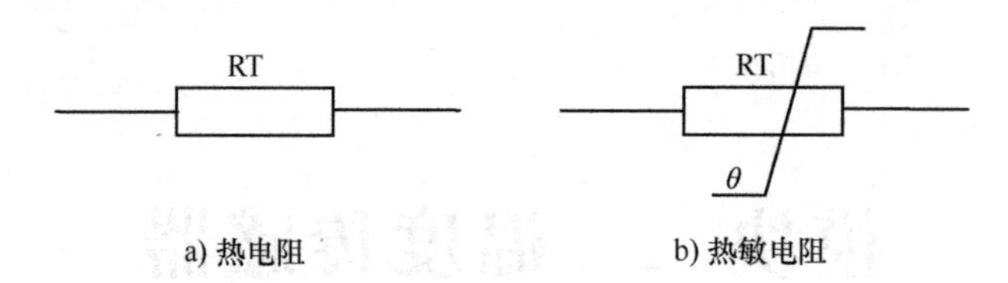

图 2-1　热电阻和热敏电阻图形符号

任务一　认识热电阻

【任务描述】

测量铂热电阻（Pt100）和 100Ω 色环电阻的热电效应。

【材料准备】

铂热电阻、精密色环电阻 100Ω、玻璃杯、万用表、室温测温计。

【任务实施】

在室温下使用万用表测量 Pt100 和色环电阻的电阻值（如图 2-2 所示），然后将 Pt100 和色环电阻放在沸水中测出其电阻值。通过电阻值的变化得出结论。

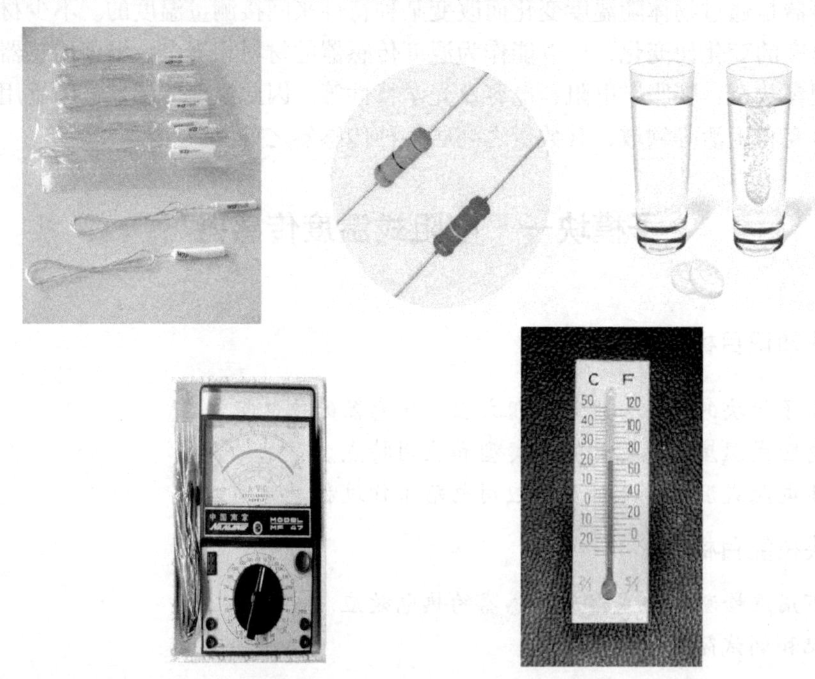

图 2-2　Pt100 热电效应实验材料

注意事项

测量 Pt100 电阻值时，需小心导线短路，并等待 60s 再读数；100Ω 电阻在沸水测试时需对两引脚焊接延长导线；还可以冰水方法冷却 Pt100 和 100Ω 电阻，再测量阻值。将以上三种情况下的温度与对应的 Pt100 和 100Ω 色环电阻阻值记录下来，可以得到金属导体的温度特征。

数据整理

将三组数据（温度、电阻值）填入表2-1中，根据数据画出热电阻的电阻温度特性曲线，如图2-3所示。

表2-1 测量数据

状 态	温 度	Pt100电阻值/Ω	色环电阻值/Ω
冰水			
室温			
沸水			

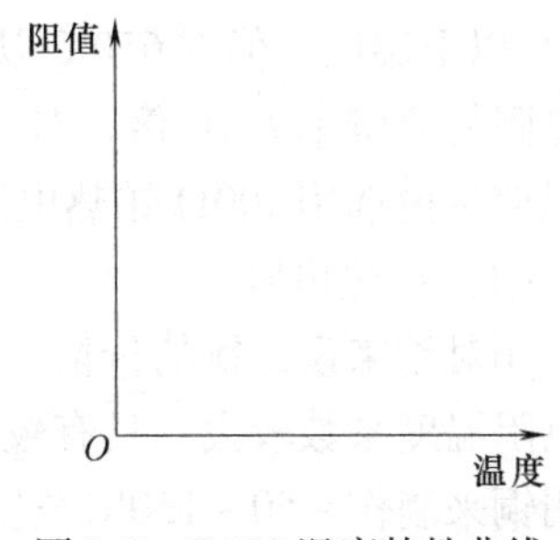

图2-3 Pt100温度特性曲线

任务思考

1. 在本活动中Pt100的阻值变化的原因是__________，温度升高，阻值__________，是________关系。Pt100与色环电阻比较，______适合做温度测量。

2. 参考附录A热电阻分度表，查出Pt100在0℃的阻值是________，100℃时的阻值是________，与活动测试数据比较，（是/否）有误差，误差原因：________，________，__________等等。Pt100在室温时的阻值是：________，可以反查表得出当天的室温为：________。与水银温度计比较是/否接近。

【知识学习】

1. 热电阻类型

（1）热电阻材料的特点

材料的电阻值随温度的变化而变化，这种现象称为热电效应。金属导体的电阻值随着温度的变化而变化，当导体温度上升时，由于内部电子热运动加剧，使导体的电阻值增加；反之，则电阻值减少。所以金属导体具有正温度系数。热电阻测温就是利用金属导体的这种特性来实现的。

大多数金属材料的电阻值都随温度的变化而变化，但是用作测温的材料必须具备以下特点：

1）有尽可能大的电阻率和稳定的温度系数。

2）电阻与温度的关系尽可能呈线性。

3）在整个测温范围内具有稳定的物理、化学性能。

4）重复性和互换性好、价格便宜。

常用的金属热电阻有铂热电阻和铜热电阻。

（2）铂热电阻

铂易于提纯、复制性好，在氧化介质中，甚至高温下，物理、化学性质稳定，因而主要用于高精度温度测量和标准测温装置，缺点是温度系数小，价格较高。

按0℃时的电阻值 R（℃）的大小分为10Ω（分度号为Pt10）和100Ω（分度号为Pt100）等，测温范围均为 -200 ~ 850℃。不同分度号对应相应分度表，即阻值—温度的关系表，这样在实际测量时，只要测得热电阻的阻值，便可从分度表上查出对应的温度值。

分度号为 Pt100 及 Pt10 铂热电阻的分度表见附录 A 所示。

10Ω 铂热电阻的感温元件是用较粗的铂丝绕制而成，耐温性能明显优于 100Ω 的铂热电阻，主要用于 650℃以上的温区；100Ω 铂热电阻主要用于 650℃以下的温区，虽也可用于 650℃以上温区，但在 650℃以上温区不允许有 A 级误差。100Ω 铂热电阻的分辨率比 10Ω 铂热电阻的分辨率大 10 倍，对二次仪表的要求相应地加一个数量级，因此在 650℃以下温区测温应尽量选用 100Ω 铂热电阻。

（3）铜热电阻

相对铂来说，铜的价格要便宜很多，同时铜还易于提纯，其复制性能较好。另外，由于其电阻温度系数较大，具有较高灵敏度。其缺点是电阻率较低，易氧化，因而在工程中，主要用铜来制作 -50 ~ 150℃范围内的电阻温度计，并且只应用于较低温度及没有水分和无腐蚀性的介质中。

工业上铜热电阻有两种分度号：Cu50（R_0 = 50Ω）和 Cu100（R_0 = 100Ω），相应有 Cu50 和 Cu100 分度表。

2. 热电阻传感器的结构和应用

（1）热电阻传感器的结构

工业用热电阻的结构如图 2-4 所示，它由电阻体、瓷绝缘套管、不锈钢套管、引线和接线盒等组成。电阻体由电阻丝和电阻支架组成。由于铂的电阻率大，相对机械强度较大，通常铂丝直径在（0.03 ~ 0.07） ±0.005mm 之间，如图 2-5 所示。铜的机械强度较低，电阻丝的直径较大，一般为（0.1 ±0.005）mm 的漆包线或丝包线分层绕在骨架上，并涂上绝缘漆而成。

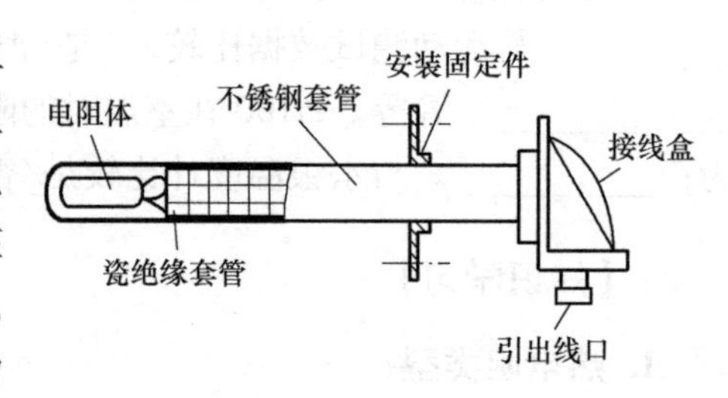

图 2-4　热电阻结构

如图 2-6 热电阻传感器由热电阻、连接导线及显示仪表组成，热电阻也可与温度变送器连接，将温度变化信息转换为标准电流信号输出再连接显示仪表。实际使用的热电阻传感器如图 2-7 所示。

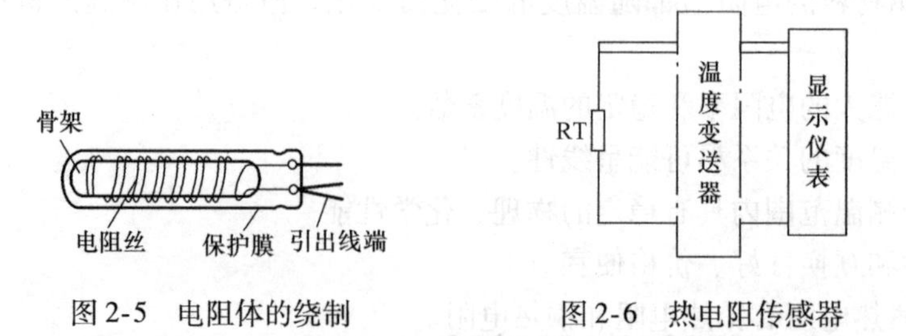

图 2-5　电阻体的绕制　　图 2-6　热电阻传感器

（2）热电阻传感器的测量电路

热电阻传感器的测量电路常用电桥电路。实际应用中，热电阻安装在生产环境中，感受被测介质的温度变化，而测量电阻电桥电路通常作为信号处理器或显示仪表的输入单元，随相应的仪表安装在控制室。外界引线较长时，由于热电阻很小，热电阻与测量桥路之间的连

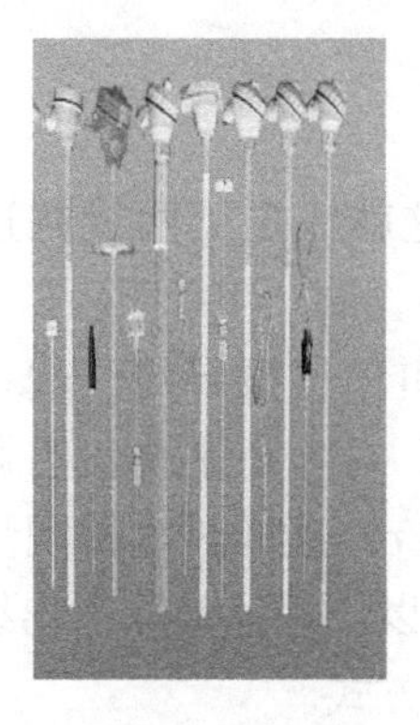

a) 多款热电阻传感器

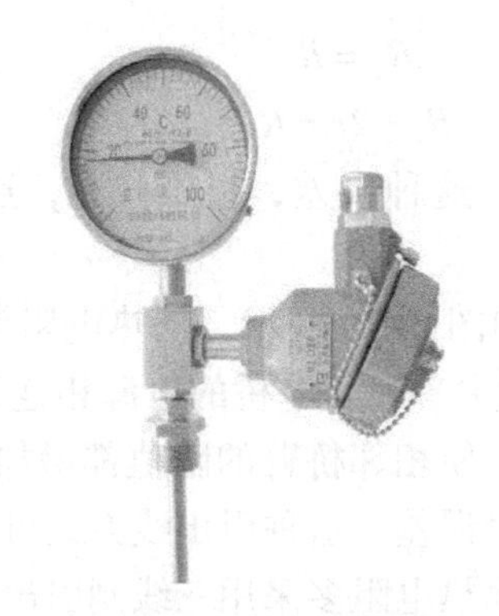

b) 热电阻传感器与显示仪表连接

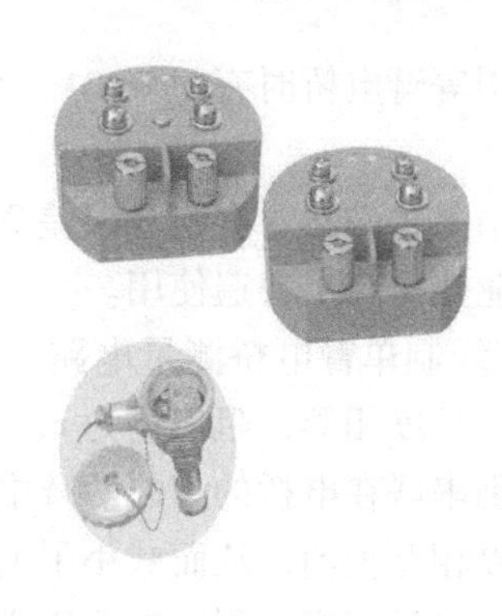

c) 热电阻传感器与温度变送器连接

图 2-7　热电阻传感器

接导线的阻值 r 会随环境温度的变化而变化，给测量带来较大的误差。为减少误差，可采用三线制电桥连接法测量电路或四线制恒流源测量电路。热电阻引线方式如图 2-8 所示，通常有：两线制、三线制、四线制三种方式。对于不同引线方式热电阻传感器的测量电路如图 2-9 所示。

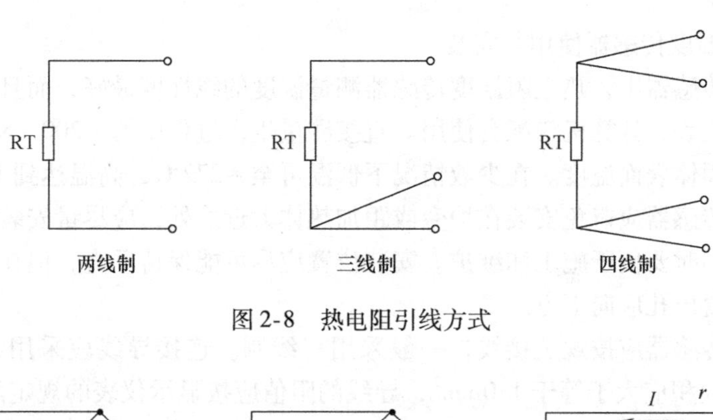

图 2-8　热电阻引线方式

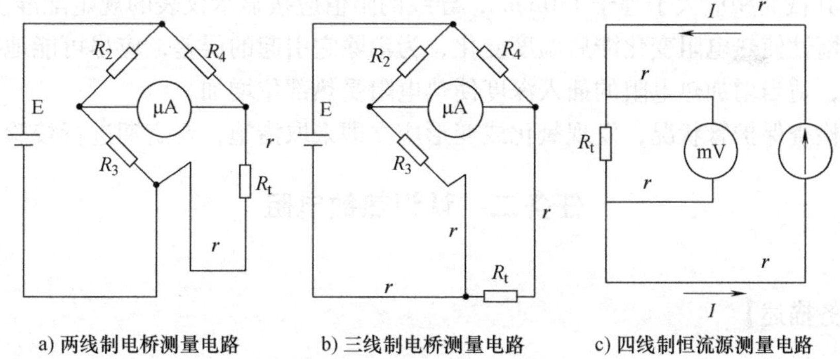

图 2-9　热电阻常用测量电路

1）两线制单臂电桥测量电路。由于仅用两根引线连接在热电阻两端，导线本身的阻值势必与热电阻的阻值串联在一起，造成测量误差。在图 2-9a 中，如果每根导线的阻值是 r，热电阻 RT 的阻值为 R_t 电桥平衡时

$$(R_t + 2r)R_2 = R_4 R_3$$

当采用等臂电桥时有 $R_2 = R_4$

所以 $R_t + 2r = R_3$

测量结果中必然含有绝对误差 $2r$。这种误差，很难修正，这就注定了两线制连接方式不宜在工业热电阻上普遍使用。

2）三线制单臂电桥测量电路。如图 2-9b 所示，从热电阻引出三根导线，这三根导线粗细相同，长度相等，阻值均为 r，其中一根与电桥的电源相连，对电桥平衡没有影响；另外两根分别串联在电桥的相邻两臂中，使相邻桥臂的阻值都增加 r，这样对电桥测量结果的影响就可以相互抵消，从而减小了测量误差。这种引出线方式可以较好地消除引出线电阻的影响，提高测量精度。所以工业用金属热电阻多采用三线制引出方式。

3）四线制恒流源测量电路。如图 2-9c，恒流源提供电流 I，用电位差计直接测出 R_t 两端的电压 U，再利用欧姆定律求出 R_t。该电路中供给热电阻电流的恒流源和电位差计分别使用热电阻上的 4 根导线。虽然每根导线上都有电阻 r，但电流导线形成的压降 rI 不在测量范围内，电压导线上虽有电阻，但无电流流过，所以四根导线的电阻 r 对测量都没影响。这种引出线方式不仅可以消除连接线电阻的影响，而且可以消除测量电路中寄生电动势引起的误差。这种引出线方式主要用于高精度的温度测量。但需注意恒流源供电电流不宜过大，一般在 0.6mA 以下。

（3）热电阻温度传感器使用与安装

在各种温度传感器中，热电阻温度传感器测量温度的线性度最好，而且精度高，通常和显示仪表、记录仪表、计算机等配套使用。直接测量生产过程中的 -200 ~ 850℃ 范围内液体和气体介质以及固体表面温度。在少数情况下低温可至 -272℃，高温达到 1000℃。

热电阻温度传感器应避免安装在炉旁或距加热体太近之处，应尽量安装在没有振动或振动很小的地方，同时要便于施工和维护。安装位置应尽可能保持垂直，但在有流速时则必须倾斜安装。接线盒出孔应向下方。

热电阻温度传感器应按规定接线，一般采用三线制。连接导线应采用绝缘（最好是屏蔽）铜线，其截面积应大于等于 1.0mm^2，导线的阻值应按显示仪表的规定配准。

由于热惰性使热电阻变化滞后温度变化，为消除它引起的误差，应尽可能地减小热电阻保护管外径，适当增加热电阻的插入深度使热电阻受热部位增加。

要经常检查保护管状况，发现氧化或变形应立即采取措施，要定期进行校验。

任务二 认识热敏电阻

【任务描述】

观察和测试两种类型的热敏电阻热电效应。

【材料准备】

NTC 热敏电阻、PTC 热敏电阻、玻璃杯、万用表、室温测温计，测试用的 NTC、PTC 热敏电阻形状如图 2-10 所示。

a) NTC型

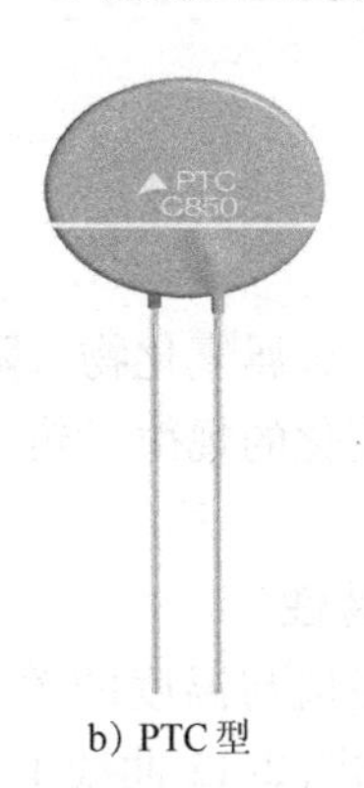

b) PTC型

图2-10 热敏电阻

【任务实施】

在室温下使用万用表测量NTC、PTC热敏电阻的电阻值，然后将NTC、PTC热敏电阻放在沸水中测出其电阻值。通过电阻值的变化得出结论。

注意事项

测量热敏电阻值时，需等待60s再读数；在沸水测试时需对两引脚焊接延长导线，并用塑料套管封装两引脚，以免测试时短路；还可以用手捏住热敏电阻，等待60s测量其阻值。将以上三种情况下测试的电阻值记录下来，可以得到NTC和PTC热敏电阻的电阻—温度特性曲线。

数据整理

将三组数据（温度、电阻值）填入表2-2中，根据数据画出NTC和PTC热敏电阻的电阻温度特性曲线。如图2-11所示。

表2-2 测量数据

状 态	温 度	NTC热敏电阻值/Ω	PTC热敏电阻值/Ω
体 温			
室 温			
沸 水			

任务思考

1. 在本活动中热敏电阻的阻值变化是的原因是______，温度升高，NTC热敏电阻阻值__________，成________比例关系。

2. 温度升高时，PTC热敏电阻阻值______，成______比例关系。

3. 因此负温系数热敏电阻是______型，正温系数热敏电阻是______型。

4. 热敏电阻温度特性曲线要表现更精确，需测量更多组温度与阻值数据，可以采取哪些方法？

5. 所测试的热敏电阻温度特性曲线有什么特点？

6. 热敏电阻与热电阻比，哪种对温度更敏感？

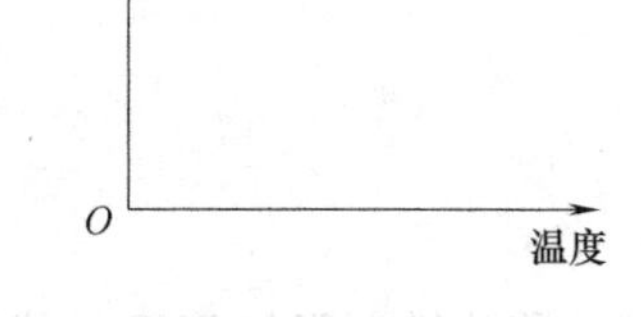

图2-11 热敏电阻温度特性曲线

【知识学习】

热敏电阻类型

热敏电阻一般用金属氧化物、陶瓷半导体或碳化硅材料，按特定工艺制成的感温元件。按照电阻值与温度变化的规律，热敏电阻分成两大类型：负温度系数型（NTC）和正温度系数型（PTC）。

1. 热敏电阻的特性

热敏电阻的电阻值与温度的关系可用电阻—温度特性曲线来表示。如图2-12曲线1和2为负温度系数（NTC型）曲线，曲线3和曲线4为正温度系数（PTC型）曲线。其中缓变形特性曲线的热敏电阻主要用于测量温度；而突变特性的热敏电阻一般做无触点的温控开关。因为当达到临界温度时，这种元件的阻值会发生急剧的转变。具有突变特性的负温度系数热敏电阻（如图2-12中的曲线1）称临界温度热敏电阻，简称为CTR（Critical Temperature Resistor）。

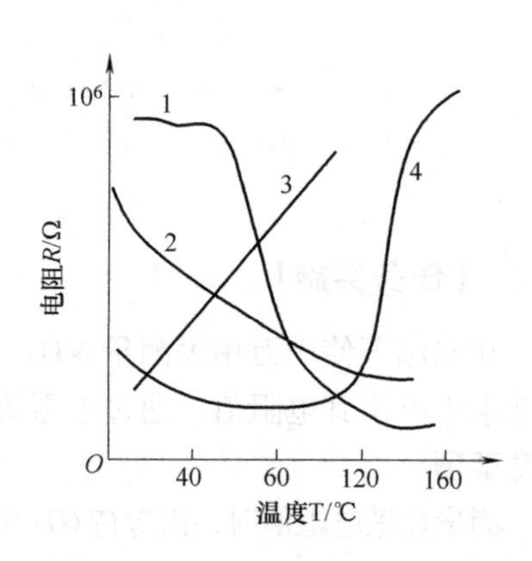

图2-12　多种热敏电阻的电阻温度特性曲线

1—突变型NTC　2—缓变型NTC
3—缓变型PTC　4—突变型PTC

与金属热电阻相比较，热敏电阻灵敏度高、电阻温度系数大、结构简单、体积小，适应于动态测量，但化学稳定性差、互换性差、非线性严重，测温范围窄，通常为-100~300℃。金属热电阻的线性度好、精度高、测温范围通常为-200~850℃，少数情况下低温可至-272℃，高温达1000℃。

2. 热敏电阻温度传感器结构

热敏电阻传感器的传感元件是热敏电阻。它由金属氧化物粉料按一定配方压制成型，经1000~1500℃高温烧结而成，引出线一般是银线。根据不同要求，可以把热敏电阻做成不同的形状结构，典型的结构形式如图2-13。

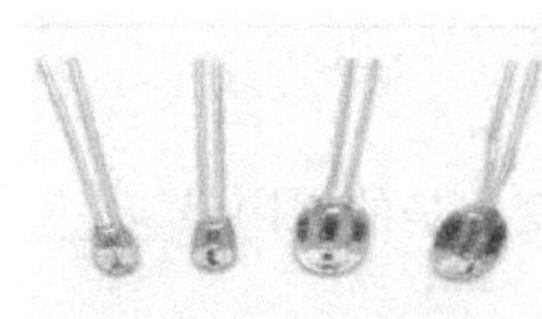

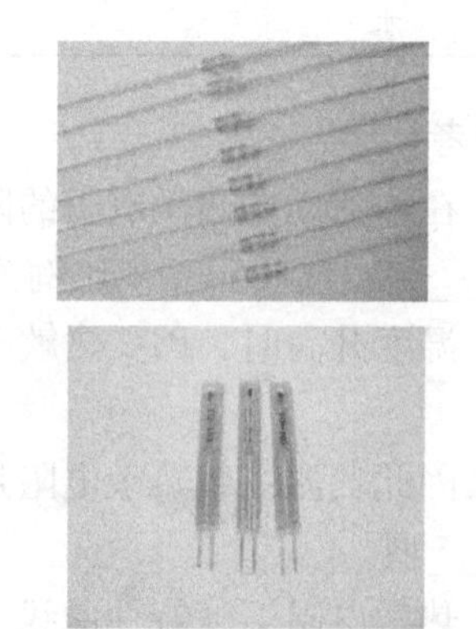

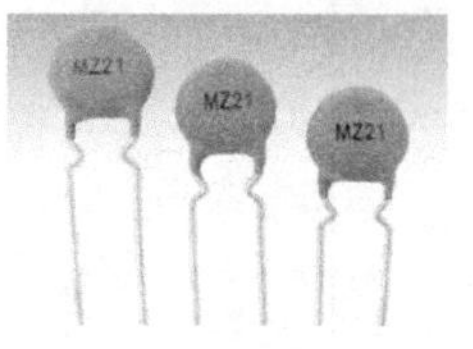

图2-13　热敏电阻结构形式

将热敏电阻与PVC导线连接，用绝缘、导热、防水材料封装可以制成各种形状热敏电阻温度传感器，根据不同用途有多种封装结构，如图2-14所示。例如，在浸入液体及多数气体时，热敏电阻通常要密封，或至少要有涂层，裸露的电阻元件不能浸入导电或污染的流体中；在快速流动的流体中，热敏电阻温度传感器通常需用某种壳体罩住，以进行机械保护。

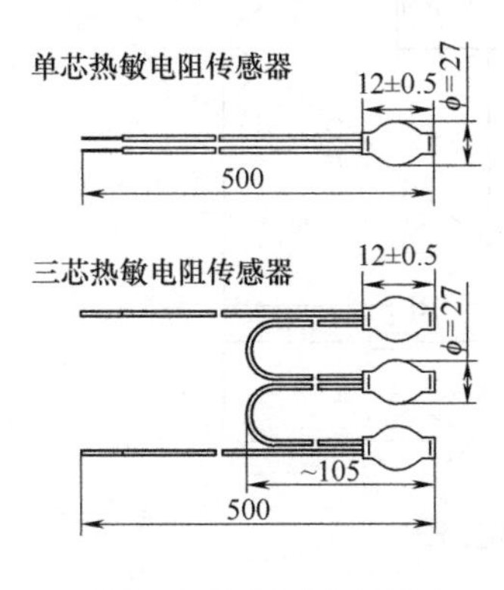

a) 热敏电阻传感器内部结构图

b) 热敏电阻传感器实物

图 2-14 热敏电阻温度传感器

3. 热敏电阻的应用案例

（1）热敏电阻测温

用于测量温度的热敏电阻结构简单，价格便宜。没有外保护层的热敏电阻只能用于干燥环境中测温，在潮湿、腐蚀性等恶劣环境下只能使用密封的热敏电阻。热敏电阻的测温电路如图 2-15 所示。该图表示用电桥电路来制作半导体热敏电阻温度计。其中指针式显示仪表用微安表改成。温度计的测量范围为 0 ~ 100℃，当被测温度为 0℃时，指针温度显示仪表指向 0 刻度，须取 $R_2=R_3$，R_1 值等于热敏电阻 R_t 在 0℃时的阻值，电桥处于平衡状态，这时通过表头的电流为零。当被测温度为 100℃时，R_t 在测温范围内偏离 R_1 最大，$R_2=R_3$ 不变，这时电桥离平衡状态最远，通过表头的电流大，显示仪表的指针偏离 0 刻度最大。为使指针在被测温度为 100℃，正指向满刻度，可以调节电位器 RP。在 0 ~ 100℃的其他中间温度的标定，可以通过每隔 5℃温度改变，记录微安表的刻度变化来标定显示仪表的温度刻度。当被测温度变化，引起电桥臂上的热敏电阻阻值变化，导致电桥的平衡状态改变，通过微安表表头的电流来表征被测温度的高低，达到热敏电阻测温的应用。

（2）热敏电阻用于温度补偿

热敏电阻可在一定范围内对某些元件进行温度补偿。例如：晶体管的主要参数，如电流放大倍数、基极-发射极电压、集电极电流等，都与环境温度密切相关。因此，在晶体管电路中需要采取必要的温度补偿措施，才能获得较高的稳定性和较宽的使用环境温度范围。如图 2-16 所示，晶体管温度补偿电路有三种不同接法，适用于不同的晶体管及工作电流，以求保证在较宽的温度范围内达到最佳补偿效果。此外，图 2-16b 和图 2-16c 除有稳定工作电流的作用外，还兼有过热、过电流保护的功能，即当电流或环境温度超过设定值时，RT 阻值剧增，从而使晶体管截止。

（3）热敏电阻用于温度控制

空调、汽车空调、冰箱、冷柜、热水器、饮水机、暖风机、咖啡机、烘干机等家用电器

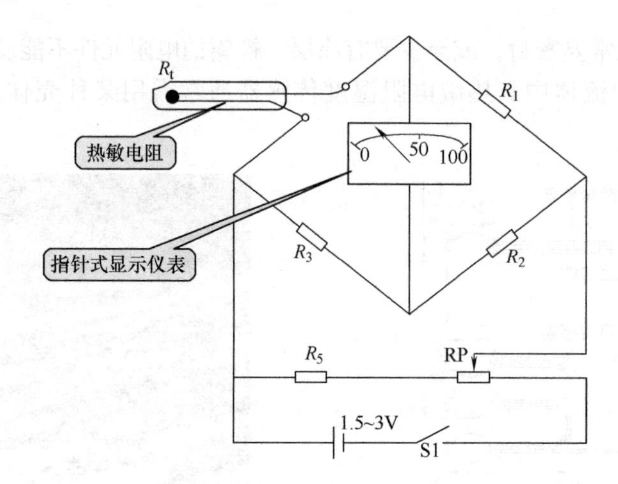

图 2-15　热敏电阻测温电路图

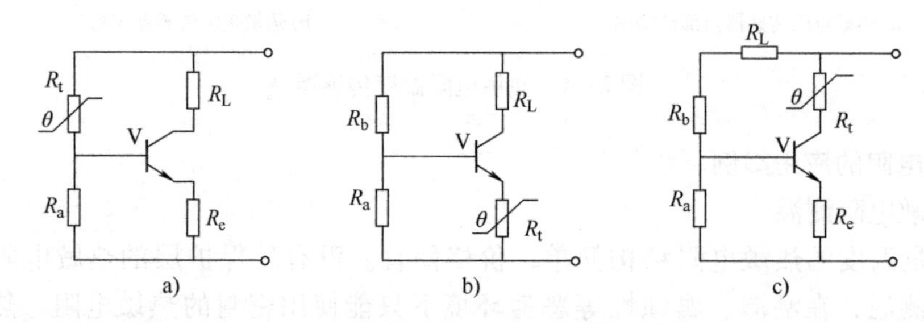

图 2-16　晶体管三种接法的温度补偿电路

中，热敏电阻常用于温度控制。

如图 2-17 所示是冰箱利用负温度系数（NTC）热敏电阻进行温度控制的电路。

集成运算放大器 A_1 是冰箱上限比较器，与上限温度相对应的固定基准电压 U_A 是由 U_{CC} 经电阻 R_1、R_2 分压后获得，U_A 接在 A_1 的同相输入端。负温度系数的热敏电阻 R_t 和电阻 R_3 构成温度检测电路，R_3 的分压值为 U_B；电阻 R_4 和滑动变阻器 RP 构成温度设定电路，调 RP 可设定下限温度对应电压值 U_C，U_C 接在下限温度比较器 A_2 的反相输入端。

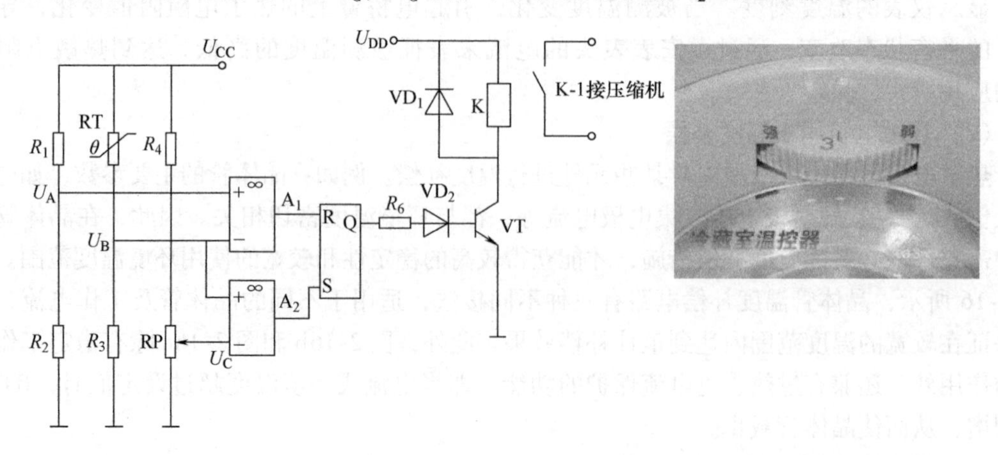

图 2-17　冰箱温度控制电路

冰箱正常工作时，当冰箱内的温度高于设定的温度时，由于热敏电阻 R_t 的阻值小，因而电压值 $U_B > U_A$，$U_B > U_C$，所以 A_1 输出为低电平，A_2 输出为高电平，RS 触发器的输出端为高电平，使晶体管 VT 导通，继电器 K 工作，其常开触点 K-1 闭合，接通压缩机电动机电路，压缩机制冷。

当压缩机工作一段时间后，冰箱内的温度下降，由于热敏电阻 R_t 的阻值增大，使 U_B 减小。当达到设定温度时，$U_B < U_C$，$U_B < U_A$，所以 A_1 输出变为高电平，A_2 输出变为低电平，RS 触发器的输出端 Q 变为低电平，晶体管 VT 截止，继电器 K 停止工作，触点 K-1 被释放，压缩机停止工作。

若冰箱停止制冷一段时间后，冰箱内的温度会慢慢回升，使 A_1、A_2、RS 触发器、VT、继电器的状态又发生变化，控制压缩机重新开始制冷工作。这样周而复始，不断循环，就达到控制内温度的目的。

（4）热敏电阻用于过热保护

生产中所用的自动车床、电热烘箱、球磨机等连续运转的机电设备，以及其他无人值守的设备，因为电动机过热或温控器失灵造成的事故时有发生，需要采取相应的保护措施。PTC 热敏电阻过热保护电路能够方便、有效地预防上述事故的发生。

图 2-18 是以电动机过热保护为例，由 PTC 热敏电阻和施密特电路构成的控制电路。图中，RT_1、RT_2、RT_3为三只特性一致的阶跃型 PTC 热敏电阻器，它们分别埋设在电动机定子的绕组里。正常情况下，PTC 热敏电阻器处于常温状态，它们的总电阻值小于 1kΩ。此时，V_1 截止，V_2 导通，继电器 K 得电吸合常开触点，电动机由市电供电运转。

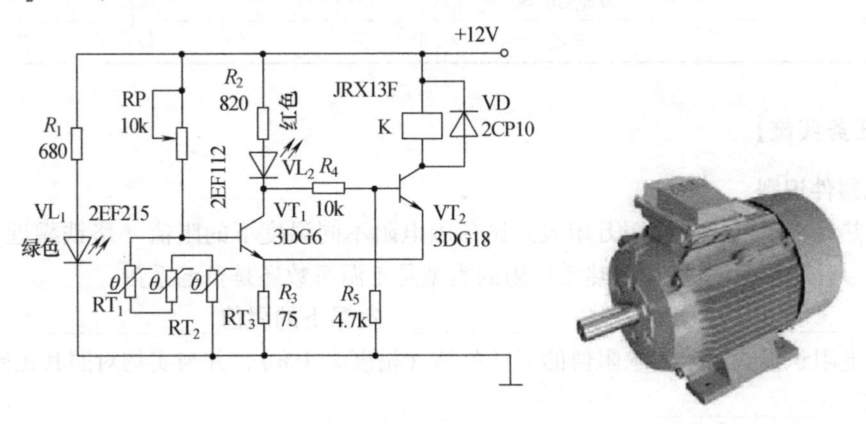

图 2-18　电动机过热保护电路

当电动机因故障局部过热时，只要有一只 PTC 热敏电阻受热超过预设温度时，其阻值就会超过 10kΩ 以上。于是 VT_1 导通、VT_2 截止，VL_2 显示红色报警，K 失电释放，电动机停止运转，达到保护目的。

任务三　制作超温报警电路

【任务描述】

通过对超温报警电路的装配和调试，加强对温度传感器的学习和应用。

【材料准备】

参考表2-3准备元器件和工具；用万用表的R×1k或R×10k挡对电阻器、电容器、发光二极管、热敏电阻进行检测，剔除并更换不符合质量要求的元器件。

表2-3 超温报警电路器材清单

代　号	名　称	型号、规格	数　量
RT	热敏电阻	MF52-50K	1
RP	电位器	50kΩ	1
IC	集成电路（带座）	CD4001	1
VL	发光二极管	ϕ5mm，红光	1
B	压电陶瓷片	ϕ27mm	1
C	瓷片电容	1000pF	1
R_1	电阻	470kΩ	1
R_2	电阻	100kΩ	1
R_3	电阻	220Ω	1
	指针式万用表	MF-47	1
	干电池（配电池盒）	5#	4
	电烙铁	30W	1
	万能电路板		1
	导线		若干

【任务实施】

1. 元器件识别

（1）热敏电阻的检测。用万用表测试热敏电阻不同温度下的阻值（烙铁靠近和离开两种状态），判读本次任务所用的热敏电阻的类型是正温系数还是负温系数。

型号____________，类型____________，室温下的阻值____________。

（2）电阻识别。写出要求阻值的五环色环（精度为1%），并与实物对照其正确性。

470kΩ ____________

100kΩ ____________

220Ω ____________

50kΩ ____________

（3）电容识别。读出瓷片电容容值，并填入图2-19中。

（4）画出发光二极管实物图和电路符号，写出发光二极管多种极性判断方法。

（5）判断压电蜂鸣片（压电陶瓷片）与喇叭特性（在空格中标注压电蜂鸣片或喇叭）。

（　　）利用压电陶瓷片的压电效应发声，直流电阻无限大，交流阻抗也很大。

（　　）利用永久磁场中的线圈带动纸盆振动发声，直流电阻几乎是0，交流阻抗一般

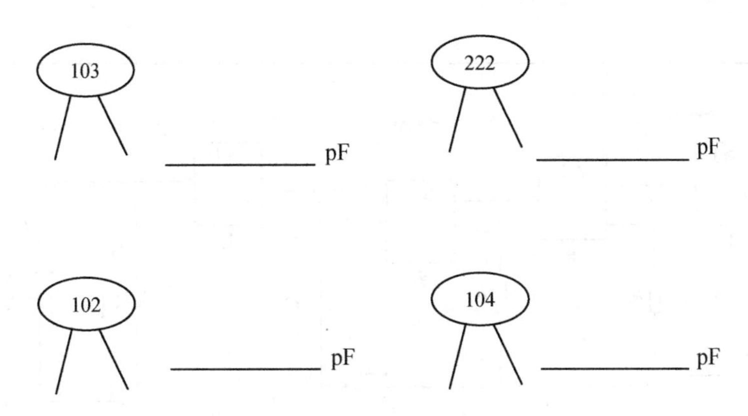

图 2-19 瓷片电容容值

几欧到几十欧。

（　　）需要较大的电压来驱动，但电流很小，几毫安就可以了，功率也很小。

（　　）需要较大的电流来驱动，但电压并不高，功率可以很大。

（　　）频率特性很差，谈不上音质，能响而已。

（　　）可以讲究音质。

（6）识别 CMOS 集成电路。

集成电路英文简称______，本次实训用的型号是______，里面包含____个逻辑或非门，每个或非门是________个脚，加上电源的______个脚，该集成电路共____个脚。

在图 2-20 中画出 CD4001 的内部结构图和引脚顺序：

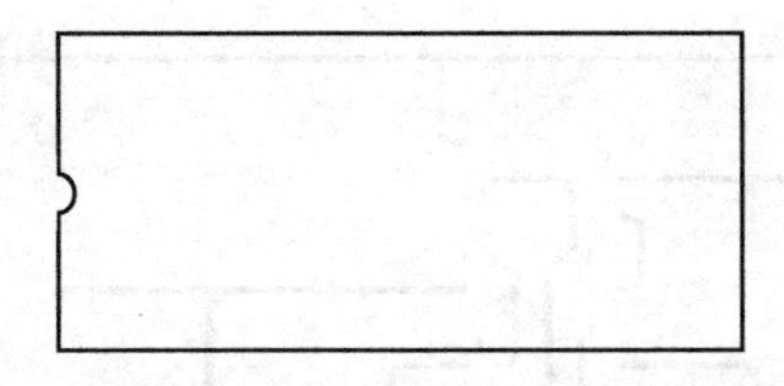

图 2-20 CD4001 内部结构图和引脚顺序

2. 电路工作原理

图 2-21 所示是一个简单的超温报警电路图。RT 是负温度系数的热敏电阻，B 是压电陶瓷片，当它振动时会发出蜂鸣声。CD4001 是 CMOS 集成电路，它内部有 4 个 2 输入端的或非门。本电路中把或非门Ⅰ、Ⅳ的两个输入端连接在一起，使其变为非门。COMS 基础电路的输入阻抗很大，输入端对前级的分流作用可以忽略。或非门Ⅱ、Ⅲ，电容器 C 组成多谐振荡电路，它的振荡频率由下式决定：

$$f=\frac{1}{2.2R_2C} \tag{2-1}$$

本电路的振荡频率大约为 4.5kHz。

当被测温度很低时，热敏电阻 RT 的电阻值比较大，电源电压 U_{DD} 通过 RT 和 RP 分压，输入到或非门Ⅰ的电压很低（可认为输入电压为低电平“0”），因而其输出为高电平（“1”）。当或非门Ⅰ输出高电平时，多谐振荡电路停振，或非门Ⅲ输出高电平，或非门Ⅳ输

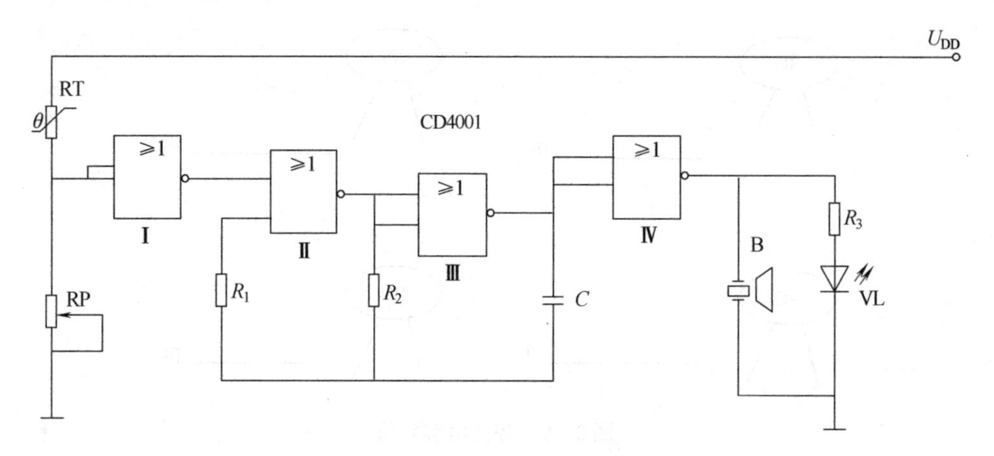

图 2-21　超温报警电路

出低电平。此时压电陶瓷不发声，发光二极管 VL 也不发光。

当被测温度很高时，RT 电阻值变小。电源电压 U_{DD}通过 RT 和 RP 分压后，输入到或非门Ⅰ的电压接近于电源电压即高电平，所以或非门Ⅰ输出变为低电平，多谐振荡电路开始振荡，或非门Ⅳ输出高电平驱动压电陶瓷片 B 振动发出“嘀、嘀”的声音，同时发光二极管 VL 发红光，达到超温报警的目的。

3. 电路装接

（1）图 2-21 与图 2-22 电路相同，只是图 2-22 中 CD4001 画成了集成电路的形式，利于焊接连线；而图 2-21 画出了 CD4001 的内部结构，利于理解电路原理，方便分析。

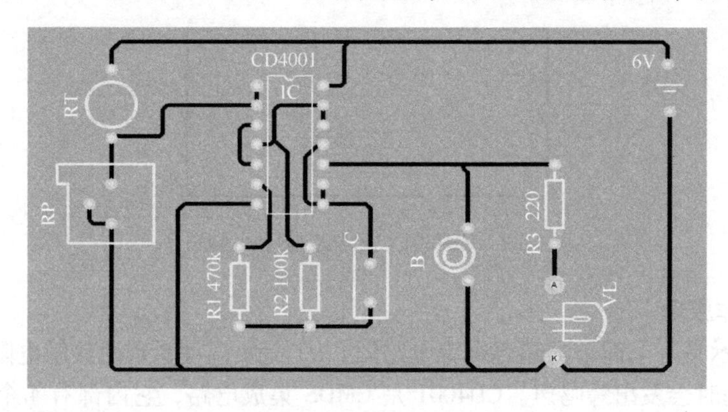

图 2-22　超温报警电路接线图

（2）按照电路图 2-22 在万能电路板上插装和焊接电路。插装元器件要注意元器件的布局和连线，元器件都排布于非焊接面（参考图 2-23），另一面走连接导线和焊点（参考图 2-24），元器件要求排列整齐，连接线要求平直，不能有交叉。焊接前，对照电路图进行检查，确保元器件插装正确。焊接时，先焊集成块、电阻器和电容器，后焊二极管、压电陶瓷片、热敏电阻。为防止静电损坏 CMOS 集成电路，可焊接一个集成块插座，把集成块插在插座上。焊接后，检查各焊点是否光滑、明亮、饱满。焊接要求可靠，不能出现连焊、虚焊和漏焊现象。

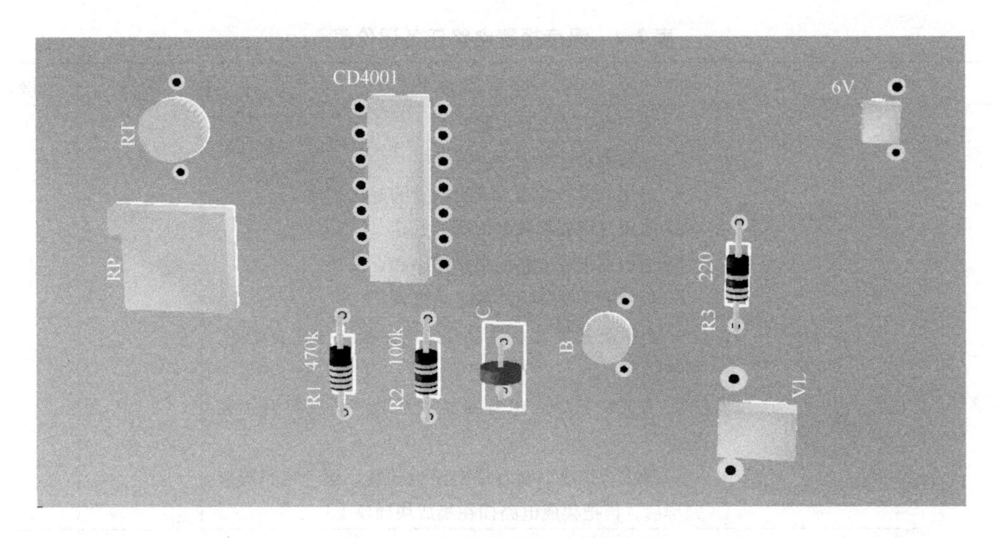

图 2-23　电路板正面元件布局图

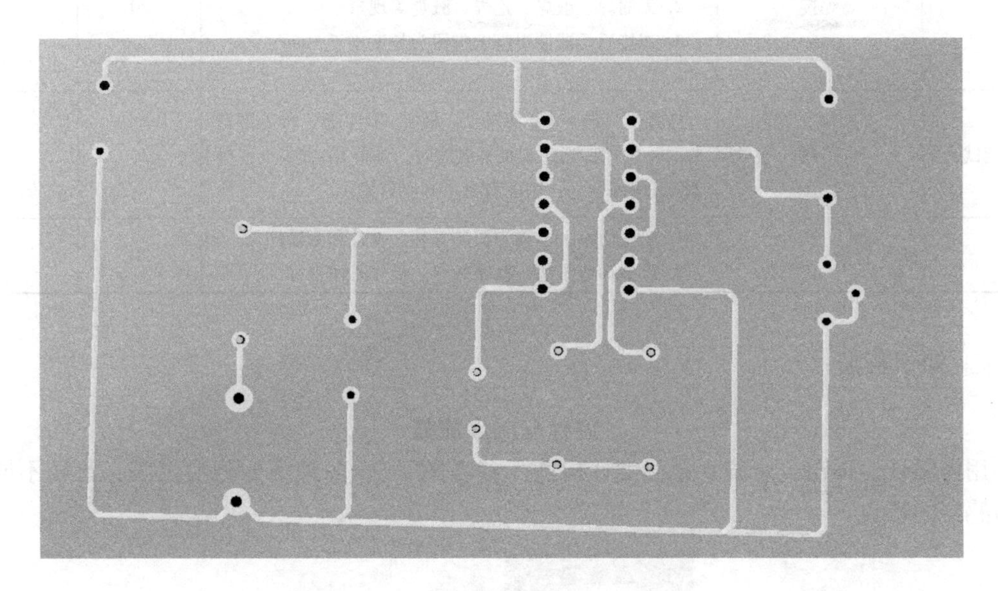

图 2-24　电路板反面连线及焊点分布

4. 电路调试

（1）测试电池盒供电电压是否正常（近 6V），在常温下接通电源，调节可变电阻器 RP，使发光二极管 VL 不发光，压电陶瓷片 B 不发声。

（2）把热敏电阻 RT 加热到报警温度，调节可变电阻器 RP，使发光二极管刚好发光，压电陶瓷片 B 也同时发声。然后撤掉加热装置，等待片刻，观察发光二极管是否熄灭，压电陶瓷片是否停止发声，如果是则超温报警器即制作成功。

任务评价

根据表 2-4，对任务完成情况做出评价。

表 2-4　温度报警电路任务评价表

项目		工艺标准	分值	得分
装配	元器件识别与检测	1. 能正确识读色环电阻 2. 能检测热敏电阻温度特性 3. 能用万用表检测发光二极管的好坏 4. 能用万用表检测电容器的好坏 5. 能识别集成电路的引脚循序和定义 6. 能判断压电蜂鸣片的正负极性	20	
	接插元器件	1. 电阻卧式插装，贴紧万能电路板，排列要整齐，横平竖直 2. 发光二极管、电容器立式插装，高度符合工艺要求 3. 集成块插座贴紧万能电路板插装，整个电路焊接完毕后，再把集成电路插在集成块插座上	20	
	焊接	1. 焊点光亮、清洁，焊料适量 2. 无漏焊、虚焊、连焊、溅焊等现象 3. 焊接后元器件引脚剪脚留头长度小于 1mm	20	
调试	电路调试	常温下，调节 RP 使发光二极管 VL 不亮，压电陶瓷片 B 不发声；当达到报警温度时，调节 RP 使发光二极管 VL 刚好发亮，压电陶瓷片 B 刚好发声	20	
“6S” 管理		1. 安全用电，不人为损坏工具、设备和元器件 2. 保持环境整洁，秩序井然，操作习惯良好	20	

知识拓展：

温标与温度测量

用体温计测体温，观察水银温度计构造。参考图 2-25 多种类型测温仪表，比较不同测温传感器的特点。

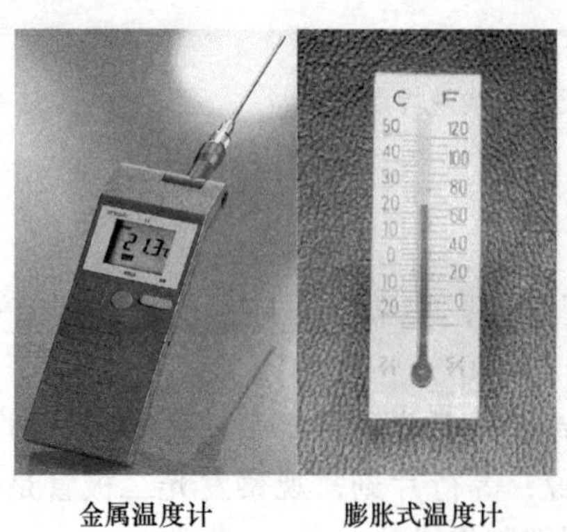

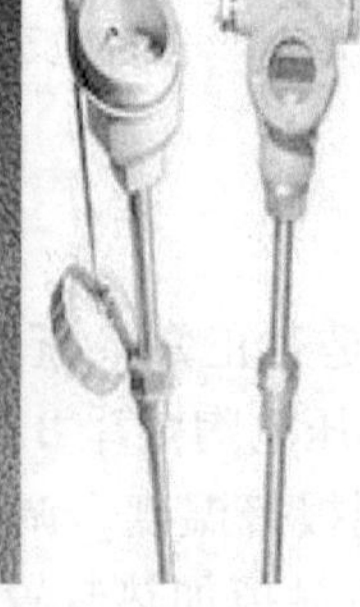

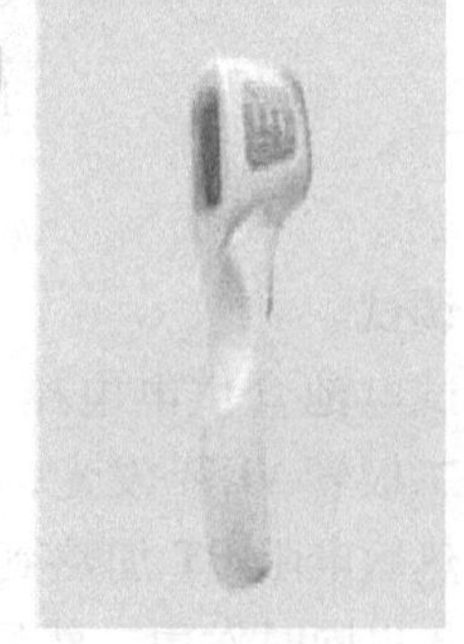

金属温度计　　膨胀式温度计　　热电偶　　热红外辐射温度计

图 2-25　多种类型测温仪表

按感温元件是否与被测温对象相接触，温度测量可以分为接触式和非接触式测温两大类。接触式温度传感器测温时与被测对象直接接触，两者可以进行充分的热交换，其结构简单，工作可靠，测温精度高。非接触式温度传感器测温时不需直接与被测对象接触，两者通过热辐射或对流的方式传导热量，最终达到测温的目的。非接触式温度传感器可以测量高温、有腐蚀性、有毒和运动物体的温度。

参考图 2-26，判断以下测温项目________、________、________是非接触式测温，________是非接触式测温。工农业生产中的测温项目有________、________、________等。

a）测汽车轮胎

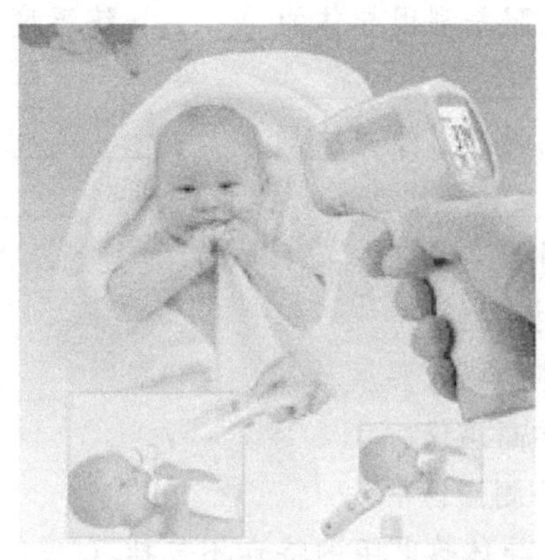

b）测体温

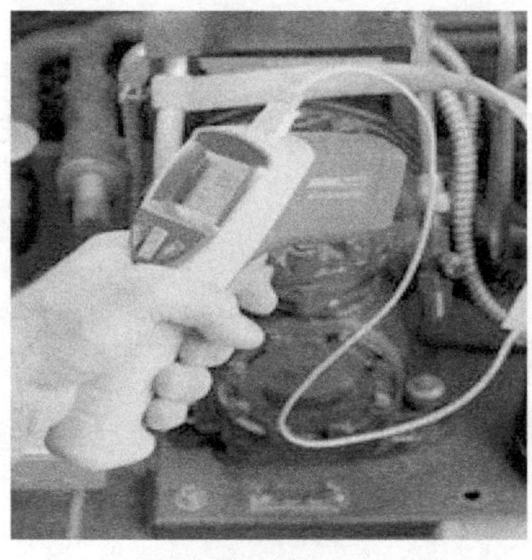

c）测零件温度

d）测土壤温度

图 2-26　不同测温项目

温度只能通过物体随温度变化的某些特性来间接测量，而用来量度物体温度数值的标尺叫温标。它规定了温度的读数起点（零点）和测量温度的基本单位。目前国际上用得较多的温标有华氏温标、摄氏温标、热力学温标。

华氏温标符号℉，在标准大气压下纯水凝固时的温度定为 32℉，水沸腾的温度定为 212℉，中间分为 180 等份，每一等份代表 1℉。

摄氏温标符号℃，摄氏温度规定：在标准大气压下，冰的熔点为 0℃，水的沸点为 100℃，中间划分 100 等份，每一等份为 1℃。

热力学温标又称开尔文温标，记符号为 K，或称绝对温标，它规定分子运动停止时的温度为绝对零度（0K）。冰的熔点（即摄氏温度零点）的开氏温度是 273. 15K。热力学温标的零点（绝对零度），是宇宙的低温极限，宇宙间一切物体的温度可以无限地接近绝对零度但不能达到绝对零度。

3 种温标的换算关系为：

$$t_F = \frac{9}{5}t_C + 32 \qquad t_C = T_K - 273.15$$

巩固练习

1. 热电阻是利用导体的________随温度变化的这一物理现象来测量温度的。常用热电阻材料有：________、________等。

2. 热电阻的引线方式通常有：________、________、四线制三种。工业用热电阻测温通常采用________引线方式，可以消除________带来的误差。

3. 下列测温仪表中，（　　）是接触测温仪。

A. 辐射高温计

B. 液体膨胀式温度计

C. 光学高温仪

D. 红外测温仪

4. 金属导体热电阻的特点不包括（　　）。

A. 电阻温度系数大

B. 电阻率高，感温元件可以做的很小

C. 可以根据需要做成片状、棒状和珠状，可测空隙、腔体、内孔等处的温度

D. 性能稳定，互换性好

E. 电阻值与温度变化具有良好的线性关系

子模块二　热电偶温度传感器

子模块知识目标

1. 熟悉热电效应和热电偶测温原理。
2. 掌握热电偶的温度补偿方法。
3. 了解热电偶的典型应用的工作过程。

子模块技能目标

1. 能制作简易热电偶并测试其热电效应。
2. 能安装与调试热电偶的测温电路，掌握热电偶的实际应用。

热电偶主要用来测量中高温，其测温范围极大，一般为 -270 ~ 2800℃，适用于炼钢炉、炼焦炉等高温作业的温度测量，也可测量液态氢、液态氮等低温物体的温度。是目前工程上应用最为广泛的温度传感器。在工业生产过程中，热电偶广泛应用于温度的测量，它具有结构简单、制造方便、测量范围广、精度高、惯性小和输出信号便于远传等许多优点。

任务一 认识热电偶

热电偶实物如图 2-27 所示。

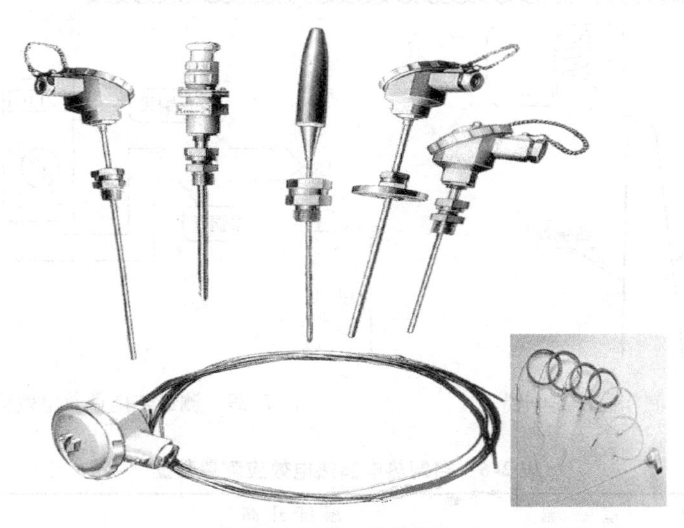

图 2-27 热电偶实物图

【任务描述】

制作简易热电偶并测试热电效应。

【任务实施】

1. 准备元器件、工具清单如表 2-5

表 2-5 元器件、工具清单

名 称	型号、规格	数 量
漆包铜线	ϕ0.4mm，长 250mm	1
康铜线	ϕ0.4mm，长 250mm	1
砂纸	普通干磨	1
尖嘴钳	通用	1
打火机	通用	1
数字万用表	通用	1

2. 制作热电偶

将漆包铜线和康铜丝两端约 10mm 部分用砂纸打亮，彻底除去漆包绝缘层和氧化层。将两根金属丝的一端用尖嘴钳互相绞紧连接，把多余端头剪去，如图 2-28 所示。这样就制成了一个简易的热电偶。

3. 测试自制热电偶的热电效应

将数字万用表拨至 DC 200mV 挡，将两根金属丝的自由端分别接万用表的电压挡，测试接线如图 2-29 所示。点燃打火机，用打火机的火焰灼烧热电偶的绞紧连接点，观察万用表的读数变化，记录温度升高时万用表的两次读数。熄灭打火机后，温度逐渐下降，观察万用表的读数变化，再记录温度逐渐降低时万用表的两次读数。测量数据填于表 2-6 中。

注意事项

为防止简易热电偶热端加热后氧化，实验中加热时间不宜过长。

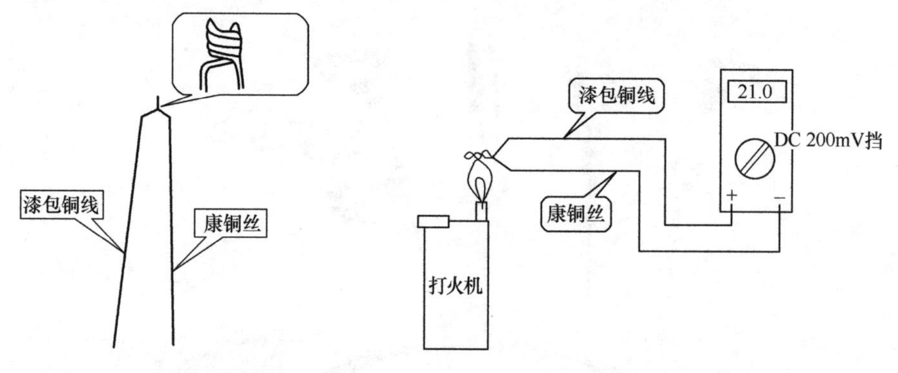

图 2-28 制作简易热电偶　　　图 2-29 测试热电偶热电效应

表 2-6 自制热电偶热电效应测量数据

温　度	室　温	温度升高	温度降低
电压/mV			

任务思考

通过制作热电偶，并测试热电效应的活动，可以看到数字万用表所显示的电压是由于对热电偶的热端（测量端）__________引起的。而且温度越__________，产生的电压越__________；停止加热后，热端的温度逐渐降低，热端与冷端得温差逐渐减小到__________，万用表电压读数逐渐__________，最后恢复到__________。

【知识学习】

热电偶工作原理

1. 热电效应

热电偶是两种不同材料的金属导体丝或半导体组成。将两根金属丝的一端焊接在一起，作为热电偶的测量端，另一端与测量仪表相连，通过测量热电偶的输出电动势，即可推算出所测温度值。其测温原理如图 2-30 所示。

热电偶的工作原理建立在导体的热电效应上。两种不同材料的导体 A 和 B 组成一个闭合回路，如图 2-30 所示。若两接点的温度不同，则在该回路中将会产生电动势，该电动势的方向和大小与导体的材料及两接点的温度有关，这种现象称为“热电效应”。热电偶一端温度为 t，称为热端或测量端（工作端），另一端温度为 t_0，称为冷端或自由端（参考端），两种导体组成的回路称为“热电偶”，这两种导体称为“热电极”，产生的电动势称为“热电动势”。

2. 热动电势

热电偶回路中热电势的由两种导体的接触电动势和单一导体温差电动势组成。

接触电势是指图 2-30 中 $E_{AB}(t)$ 和 $E_{AB}(t_0)$，它是由于两种不同导体的自由电子浓度不同而在接触面形成的电势。接触电势的大小取决于两种导体的性质和接触点的温度，而与导体的形状及尺寸无关。当热电偶两电极材料固定后，接触电动势只与两接点的温度有关，温度越高，接触电动势也越大。接触电动势的方向由两导体的材料决定，导电性强的材料接触端为正极，反之为负极（图 2-30 中热电偶回路中热电势极性的标注是假设 A 材料导电性强于 B 材料。）

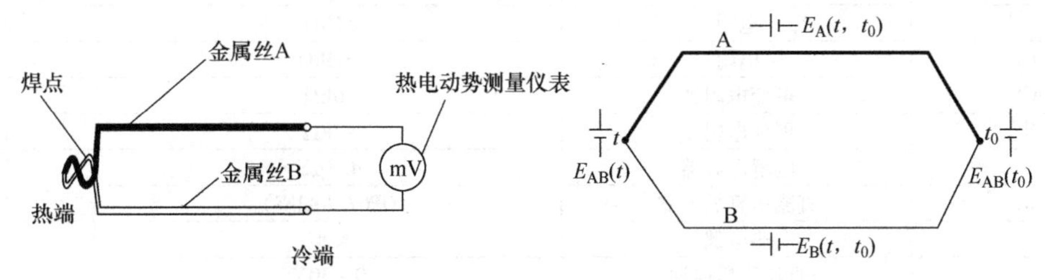

图 2-30 热电偶回路

单一导体温差电动势是指图 2-30 中 $E_A(t, t_0)$ 和 $E_B(t, t_0)$，对于热电偶回路中的 A 或 B 导体，两端的温度分别为 t，t_0，则导体中的自由电子由高温端向低温扩散而产生的电动势称为单一导体的温差电动势。

在热电偶回路的总热电动势中，温差电动势比接触电动势小很多，可忽略不计，则热电偶回路产生的总热电动势可表示为

$$E_{AB}(t,t_0) = E_{AB}(t) - E_{AB}(t_0) \tag{2-2}$$

对于已选定的热电偶，当冷端温度 t_0 恒定时，$E_{AB}(t_0)$ 为常数，则热电偶的总电动势只随热端温度的变化而变化，即一定的热电动势对应着热端一定的温度。这样就可以通过测试热电偶的总热电势的方法达到测温的目的。

在实际应用中，热电动势与温度之间的关系是通过热电偶分度表来确定的。分度表是冷端温度为 0℃时，通过实验测试出的热电动势与热端温度之间的数值对应关系，便于工程实际应用查找校对。热电偶分度表见附录 B。

任务二 制作热电偶测温电路

【任务描述】

通过对电偶测温电路的装配和调试，加强对热电偶传感器的学习和应用。

【任务实施】

1. 元器件识别

认识本次任务中出现的新器件：K 型热电偶、OP07。

通过资料查找，回答以下问题：

（1）K 型热电偶的热电极材料是由________和________两种导体构成。通过查找 K 型热电偶的分度对照表，当 $t_0 = 0℃$，$t = 100℃$，热电动势 $E =$ ________；$t = 700℃$，热电动势 $E =$ ________。

（2）集成电路 OP07 在本次测温电路中作用是________热电偶产生的________信号。观察 OP07 的形状特点，该引脚类型属于________，画出 OP07 的引脚定义图。

2. 器材准备

按表 2-7 配套元器件工具清单，核对元器件的数量、型号和规格。用万用表的 R×100、

R×10k 挡对电阻器、电容器进行检测，剔除并更换不符合质量要求的元器件。

表 2-7　热电偶测温电路元器件工具清单

代　号	名　称	型号、规格	数　量
R_1、R_2	电阻	510Ω	2
R_3	电阻	100kΩ	1
RP_1	可变电阻器	20kΩ	1
RP_2	可变电阻器	47kΩ	1
C	电解电容器	4.7μF	1
IC	直流运算放大器	OP07（配座）	1
	热电偶	K 型	1
	直流稳压电源	0～30V	1
	数字万用表	DT9808	1
	电烙铁	30W	1
	万能电路板		1
	导线		若干

3. 热电偶测温电路工作原理

如图 2-31 所示是利用 K 型热电偶测量温度的电路，因为热电偶测温产生的热电势极小，约为几十微伏，所以采用 OP07 型运算放大器对微弱的电压进行放大，OP07 运算放大器外观如图 2-32 所示。OP07 芯片是一种低噪声、双电源供电运算放大器集成电路，工作电源范围是 ±3V～±18V。具有非常低的输入失调电压和偏置电流，特别适用于高增益的测量设备和放大传感器的微弱信号。本电路中运算放大器的最大增益约为 288.2，电阻 R_1 与电容 C 起到滤波作用，消除外界交流信号干扰。

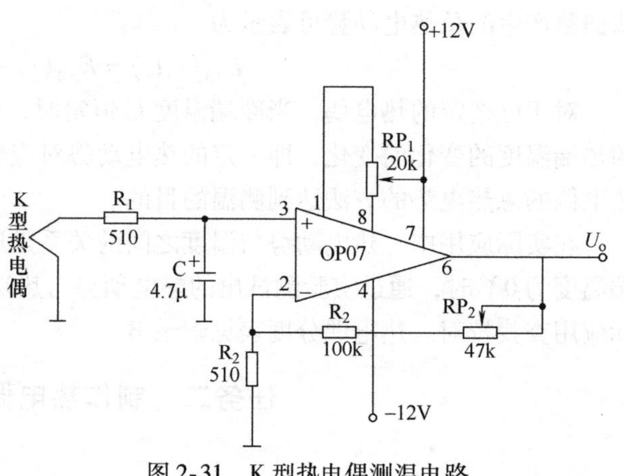

图 2-31　K 型热电偶测温电路

通过查 K 型热电偶分度表可知，K 型热电偶在 0℃时产生的热电动势为 0mV，此时调节 RP_1 电位器使输出电压 U_o 为 0V；查表得 600℃时热电动势为 24.902mV，此时调节 RP_2 电位器使输出电压 U_o 为 6V。这样就使得测量温度与输出电压对应，比如测 380℃，输出电压 3.8V，这样就可以从输出电压值中直接得出被测温度值，达到测温目的。

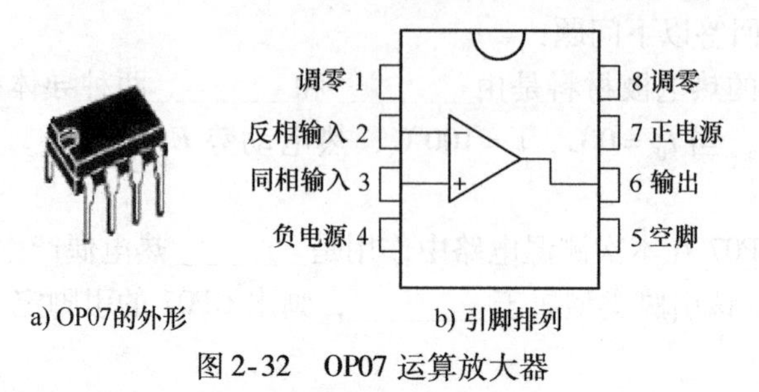

a) OP07的外形　　b) 引脚排列

图 2-32　OP07 运算放大器

4. 电路装接

按照接线图2-33在万能电路板上插装和焊接电路。插装元器件时，要注意元器件的布局和连线，元器件都排布于非焊接面（参考图2-34），另一面走连接导线和焊点（参考图2-35），元器件要求排列整齐，连接线要求平直，不能有交叉。焊接前，对照电路图进行检查，确保元器件插装正确。焊接时，先焊集成块、电阻器和电容器，后焊热电偶连接线。为防止静电损坏CMOS集成电路，可焊接一个集成块插座，把集成块插在插座上。焊接后，检查各焊点是否光滑、明亮、饱满。焊接要求可靠，不能出现连焊、虚焊和漏焊现象。

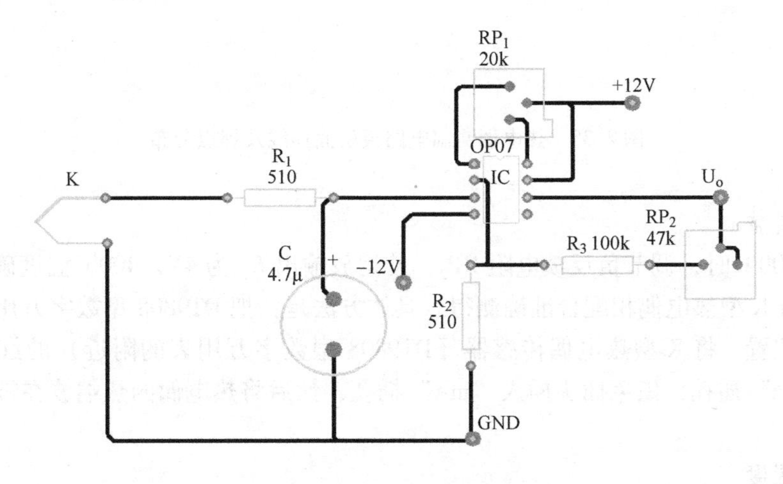

图2-33 热电偶测温电路接线图

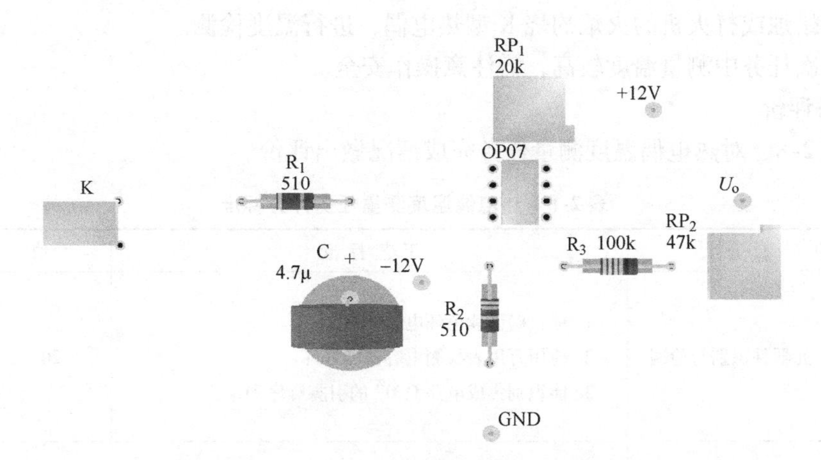

图2-34 热电偶测温电路板正面元器件布局图

5. 调试电路

（1）调零

将直流稳压电源调为12V，数字万用表调到10V电压挡，接在输出端测量直流电压。利用冰水混合物创造0℃的测温环境，接通电路，调节调零电位器RP_1，使运放OP07输出电压U_o为零。

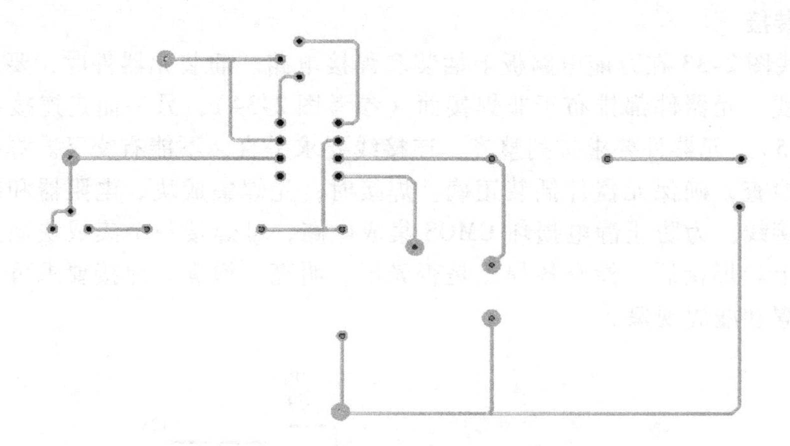

图 2-35　热电偶测温电路板反面连线及焊点分布

（2）调增益

温度为400℃时，调节负反馈电阻 RP_2，使运放输出 U_o 为4V。400℃温度确定，可采用数字万用表与K型热电偶相配合准确测得。具体方法是：把DT9808型数字万用表功能量程置于“℃”位置。将K型热电偶传感器（DT9808型数字万用表的附近）的红色插头插入“V — Ω — Hz”插孔，黑色插头插入“mA”插孔，然后将热电偶的热端放在被测物体的表面或内部。

6. 测量温度

根据测定，燃着的蜡烛火焰温度高达250～500℃，打火机外焰温度高达800～1000℃，因而可以用蜡烛或打火机的火焰灼烧K型热电偶，进行温度检测。

由于本次任务中测量温度较高，需注意操作安全。

7. 任务评价

根据表2-8，对热电偶温度测量任务完成情况做出评价。

表 2-8　热电偶温度测量任务评分标准

项　目		工 艺 标 准	分值	得分
装配	元器件识别与检测	1. 能正确识读色环电阻 2. 能用万用表检测电容器的好坏 3. 能识别集成电路OP07的引脚顺序和定义	20	
	接插元器件	1. 电阻卧式插装，贴紧万能电路板，排列要整齐，横平竖直 2. 电容器立式插装，高度符合工艺要求 3. 集成块插座贴紧万能电路板插装，整个电路焊接完毕后再把集成电路插在集成块插座上	20	

（续）

项目		工艺标准	分值	得分
装配	焊接	1. 焊点光亮、清洁，焊料适量 2. 无漏焊、虚焊、连焊、溅焊等现象	20	
检测	调试	1. 调零方法得当，输出结果正确 2. 调增益方法得当，输出结果正确	10	
	测量	能测量出蜡烛或打火机的火焰温度	10	
“6S”管理		1. 安全用电，不人为损坏工具、设备和元器件 2. 保持环境整洁，秩序井然，操作习惯良好	20	

任务思考

参考附录 B（K 型），该热电偶的 A 导体材料是________，B 导体材料是________，测温范围是________，冷端温度是________℃，当热电动势为 17.664mV 时，可查出热端温度为________℃，当热端温度为 0℃时，则热电动势为________ mV，当热端温度为 950℃时，则热电动势为________ mV。结论，当冷端温度恒定时，则热电动势越大，热端（测试端）温度就________。当冷端和热端温度相等时，则热电动势为________ mV。

任务三　热电偶测温应用

【任务描述】

了解热电偶温度传感器的多种结构形式和应用特点。

【知识学习】

1. 组成热电偶温度传感器的结构

热电偶温度传感器的结构与热电阻温度传感器类似，可以直接使用，也可以外加金属保护层。在工业测量过程中，热电偶通常由热电极、绝缘子、保护管、接线盒四部分组成。绝缘子用来防止两根热电极短路；保护管套在热电极和绝缘子的外边，作用是将热电极与被测对象隔离，使热电极免受化学作用和机械损伤，从而得到较长的使用寿命，使测温准确；接线盒供连接热电偶和补偿导线用，必须密封良好，以防灰尘、水分及有害气体浸入保护管内；接线盒内的接线端子上要注明热电极的正、负极，以便正确接线。

2. 结构形式

为了满足不同生产对象的测温要求和条件，热电偶的结构形式有：普通型热电偶、铠装型热电偶、薄膜热电偶等。

1）普通型热电偶是工业测量上应用最多，其结构示意如图 2-36 所示。

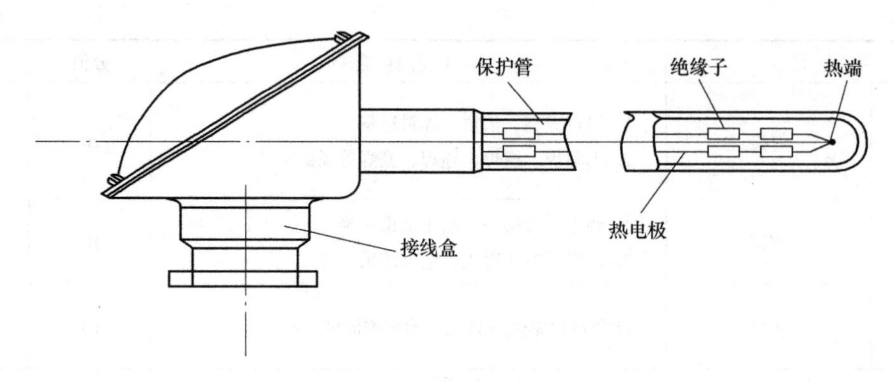

图 2-36　普通型热电偶结构示意图

2）铠装型热电偶是把热电极、绝缘材料熔铸在一起，外套金属保护管经拉伸加工而成，它可以做得很长、很细，其结构示意如图 2-37 所示，在使用中可以随测量需要进行弯曲，其优点是：测温端热容量小，动态响应快；机械强度高，坚固耐用。适宜安装在狭窄、弯曲的管道内或要求传感器快速反应的特殊测温场合。

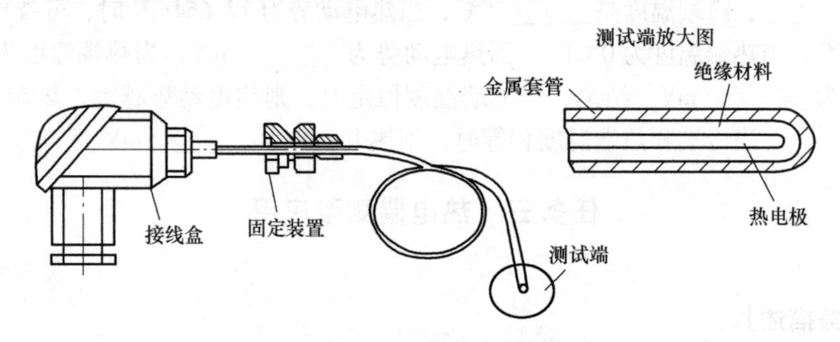

图 2-37　铠装型热电偶结构示意图

3）薄膜型热电偶是由两种薄膜热电极材料，用真空蒸镀、化学涂层等办法蒸镀到绝缘基板上面制成的一种特殊热电偶，薄膜热电偶的热接点可以做得很薄（可达 0.01～0.1μm），它具有热容量小，反应速度快等特点，响应时间可达到微秒级，适用于微小面积上的表面温度测量以及快速变化的动态温度测量，其结构示意如图 2-38所示。

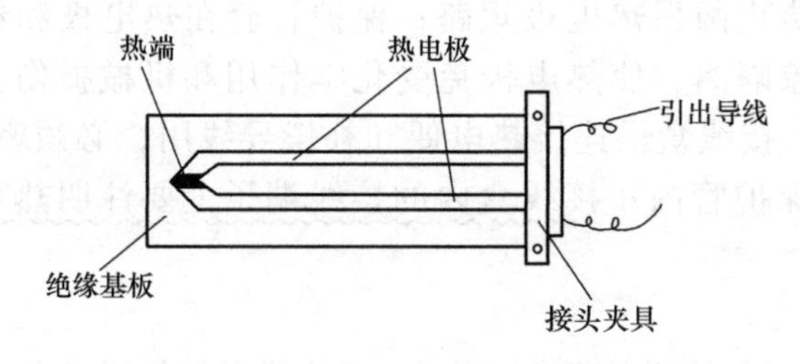

图 2-38　薄膜型热电偶结构示意图

3. 热电极材料及标准热电偶

根据热电偶的测量原理，理论上可以用任何两种不同材料的导体制成热电极并组成热电偶，但在实际应用中，为了准确而可靠地进行温度测量，必须对热电极的材料进行严格选择。组成热电偶的热电极应满足以下条件：热电动势变化尽量大，热电动势与温度的关系尽量接近线性；物理、化学性能稳定，能耐高温，在高温下不易氧化或腐蚀；易加工，材料机械强度高，重复性好；便于成批生产，复制工艺简单，具有良好的互换性。

知识拓展：

热电偶应用定则

1. 均质导体定则

如果热电偶回路中的两个热电极成分相同，则无论两接点的温度如何，热电动势为零，称为热电偶的均质导体定则。

根据这个定则，可以检验两个热电极的材料成分是否相同，也可以检查热电极材料的均匀性。

2. 中间导体定则

在热电偶回路中接入第三种导体，只要第三种导体的两接点温度相同，则回路中总的热电动势不变，这就是热电偶的中间导体定则。

如图 2-39 所示，在热电偶回路中接入第三种导体 C。导体 A 与 B 接点处的温度为 t，A 与 C、B 与 C 两接点处的温度相同且都为 t_0，则回路中的热电势与未接导体 C 时的热电动势相等，即 $E_{AB}(t, t_0) = E_{ABC}(t, t_0)$。

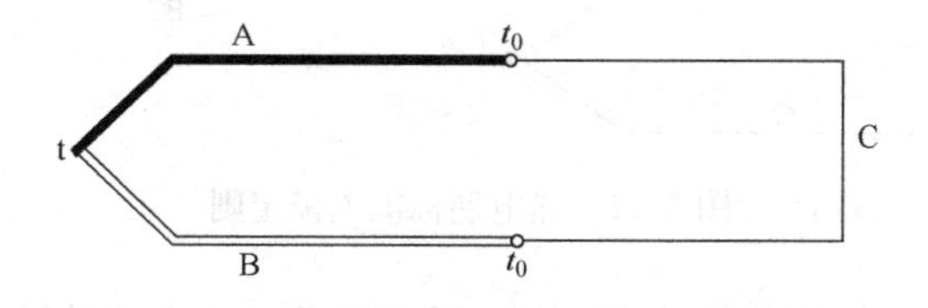

图 2-39　热电偶接入第三种导体

同时根据数学公式可推算出：在热电偶回路中接入第四种、第五种……种导体，只要保证接入的每种导体的两端温度相同，同样不影响热电偶回路中总的热电动势大小。

热电偶的这种性质在实际应用中有很重要的意义，它使我们可以方便地在回路中直接接入各种类型的显示仪表或调节器，而不影响测量精度，如图 2-40 所示；也可以将热电偶的两端不焊接而直接插入液态金属中或直接焊接在金属表面进行温度测量，如图 2-41 所示。

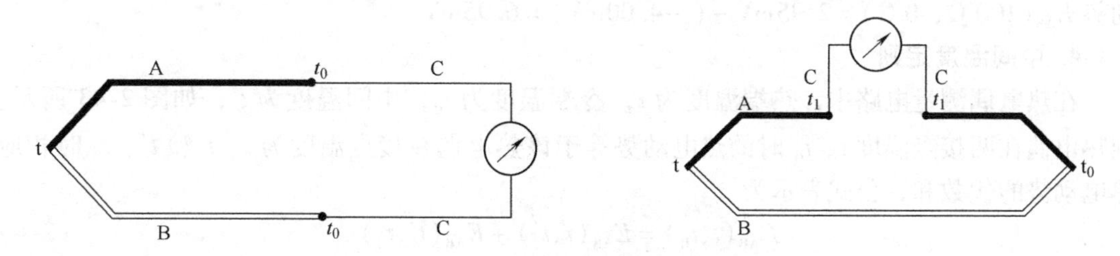

图 2-40　热电偶接入测试仪表

3. 标准电极定则

如果测得各种金属与标准电极组成的热电偶热电动势，则任何两种金属组成的热电偶所产生热电动势就已知，而无需再做测试，这就是热电偶的标准电极定则。

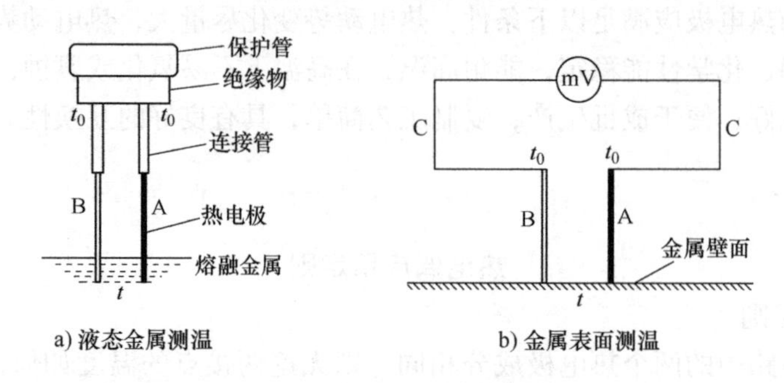

a) 液态金属测温　　b) 金属表面测温

图 2-41　开路热电偶测温

如图 2-42 所示，导体 A、B 分别与标准热电极 C 组成，若它们所产生的热电动势已知，则导体 A 与 B 组成的热电偶产生的热电动势可依据下式求得：

$$E_{AB}(t,\ t_0)=E_{AC}(t,\ t_0)-E_{BC}(t,\ t_0) \tag{2-3}$$

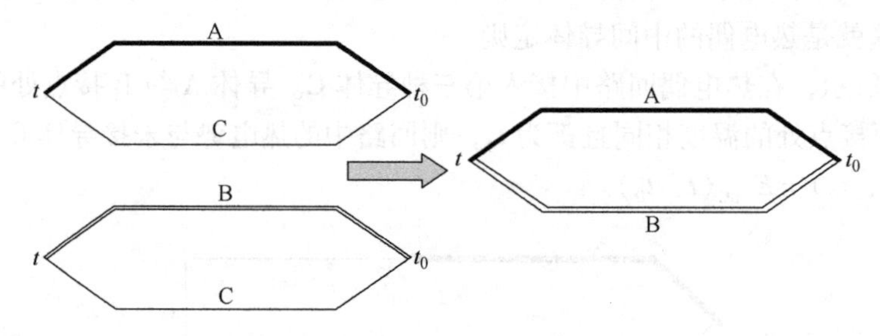

图 2-42　热电偶标准电极定则

标准热电极定则是一个极为实用的定则。可以想象，纯金属的种类很多，而合金类型更多。要得出这些金属之间组合而成热电偶的热电动势，其工作量是极大的。由于铂的物理、化学性能稳定，熔点高，易提纯，所以通常选用高纯铂丝作为标准热电极，只要测得各种金属与纯铂组成的热电偶的热电动势，则各种金属之间相互组合而成的热电偶电动势就可直接计算出来。

例如：当 $t=100℃$，$t_0=0℃$ 时，镍铬-铂热电偶热电动势 $E_{AC}(100℃,\ 0℃)=2.95\text{mV}$，而考铜-铂组成的热电偶热电动势 $E_{BC}(100℃,\ 0℃)=-4.00\text{mV}$，则镍铬-考铜热电偶热电动势 $E_{AB}(100℃,\ 0℃)=2.95\text{mV}-(-4.00\text{mV})=6.95\text{mV}$。

4. 中间温度定则

在热电偶测量电路中，热端温度为 t，冷端温度为 t_0，中间温度为 t'，如图 2-43 所示。则热电偶在两接点温度 t、t_0 时的热电动势等于该热电偶在接点温度为 t、t' 和 t'、t_0 时相应热电动势的代数和，公式表示为

$$E_{AB}(t,t_0)=E_{AB}(t,t')+E_{AB}(t',t_0) \tag{2-4}$$

中间温度定则可对冷端温度不为 0℃ 的热电势进行修正。工程上以 0℃ 作为冷端基准温度，将热电偶的热电动势与对应热端的温度精确测出，做成表格，称为热电偶分度表，见附录 B。如果冷端温度不是 0℃，应采取一定的补偿措施，补偿方法有多种，其中一种就是根

据中间温度定则进行计算补偿，补偿计算公式：

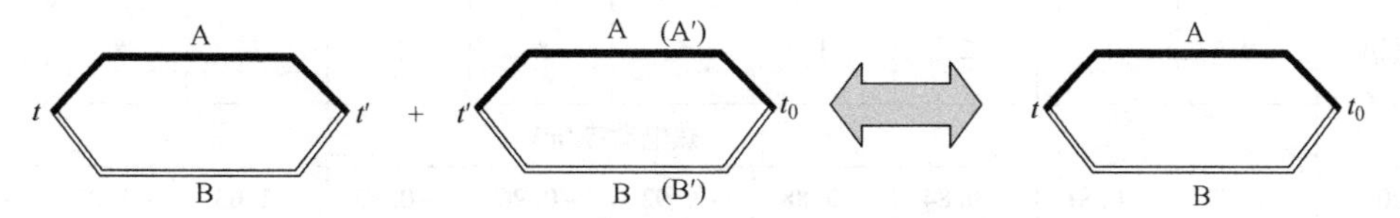

图 2-43 热电偶中间温度定则

$$E_{AB}(t,0)=E_{AB}(t,t_0)+E_{AB}(t_0,0) \tag{2-5}$$

式中 E_{AB}（t，t_0）——实际热电动势；

E_{AB}（t，0）——热端温度 t 对应 0℃的热电动势；

E_{AB}（t_0，0）——冷端温度 t_0 对应 0℃的热电动势。

式(2-5) 也可写成：

$$E_{AB}(t,t_0)=E_{AB}(t,0)-E_{AB}(t_0,0) \tag{2-6}$$

式中，$0<t_0<t$，式（2-5）就是热电偶的中间温度定则的补偿应用公式。

另外中间温度定则为补偿导线的使用提供了理论依据。它表明：若热电偶的热电极导体需延长，只要接入的导体组成热电偶的热电特性与被延长的热电偶的热电特性相同，就可以选用廉价的热电极 A′、B′代替 t'、t_0 段的热电极 A、B，将热电极冷端延长到温度恒定的地方再进行测量，使测量距离加长，降低了测量成本，而且不受原热电偶自由端温度 t' 的影响。

巩 固 练 习

1. 在热电偶测温回路中，只要显示仪表和连接导线两端温度相同，热电偶________，不会因它们的接入而改变，这是根据________定律而得出的结论。

2. 热电偶产生热电势的条件是________、________。

3. 分度号 S、K、E 三种热偶中，100℃时的电势分别为________、________、________。

4. 用热电偶测量温度时，其连接导线应该使用________。

5. 补偿导线是热电偶的延长，但必须考虑热电偶冷端的________。

6. 用镍铬-镍硅热电偶测量某低温箱温度（图 2-44），把热电偶直接与电位差计连接，在某时刻，从电位差计测得热电动势为 −1.19mV，此时电位差计所处的环境温度 15℃，参考表 2-9 镍铬-镍硅热电偶分度表，试求该时刻温箱的温度是多少？

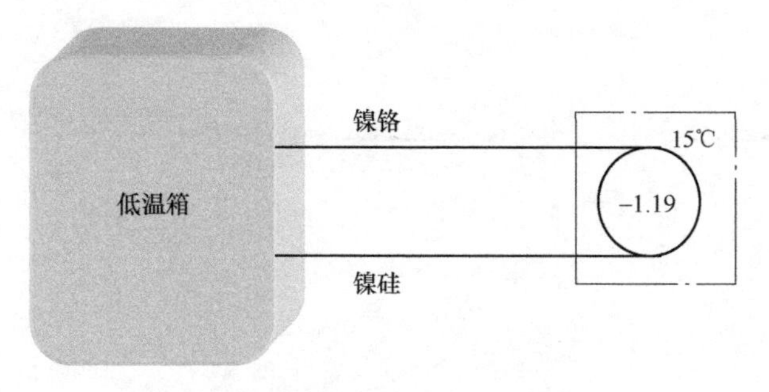

图 2-44 镍铬-镍硅热电偶测低温箱

表 2-9 镍铬-镍硅热电偶分度表（节选）

测量端温度/℃	0	1	2	3	4	5	6	7	8	9
	热电动势/mV									
-20	-0.77	-0.81	-0.84	-0.88	-0.92	-0.96	-0.99	-1.03	-1.07	-1.10
-10	-0.39	-0.43	-0.47	-0.51	-0.55	-0.59	-0.62	-0.66	-0.70	-0.74
0	-0.00	-0.04	-0.08	-0.12	-0.16	-0.20	-0.23	-0.27	-0.31	-0.35
0	0.00	0.04	0.08	0.12	0.16	0.20	0.24	0.28	0.32	0.36
10	0.40	0.44	0.48	0.52	0.56	0.60	0.64	0.68	0.72	0.76
20	0.80	0.84	0.88	0.92	0.96	1.00	1.04	1.08	1.12	1.16

模块三　压力传感器

模块学习目标

1. 掌握力、压力的概念，理解压力与物体形变的关系及压力的测量方法。
2. 识别常用压力传感器，理解压力测量原理和使用方法。
3. 了解医用压力传感器、工业生产和日常生活中压力的检测方法和实例。
4. 能装配和调试简易的压力传感器。

力是表征物体之间相互作用的物理量。力的作用效果是使物体产生变形或使物体的运动状态发生改变，或改变物体所具有的动能和势能。力的形式有很多种，包含拉力、摩擦力、推力和压力等。压力则是指垂直作用于物体表面上的力。在日常生活和工业生产中，压力时时刻刻在我们身边。例如超市购物、体重测量、锅炉蒸汽和水的压力监控、汽车发动机压力、电力系统中油路压力监控和楼宇电梯的超载控制等。尤其在工业生产中，我们对压力的监控更是保证工艺要求、生产设备、人身安全和国民经济发展所必需的。

压力是一种非电物理量，无法用电工仪表直接测量，必须借助某一装置将压力这一非电物理量转化成电量进行测量，实现这一功能的装置就是压力传感器。压力传感器的组成部分有：试件（压力敏感元件）、压力传感器、测量电路、显示电路，如图 3-1 所示。

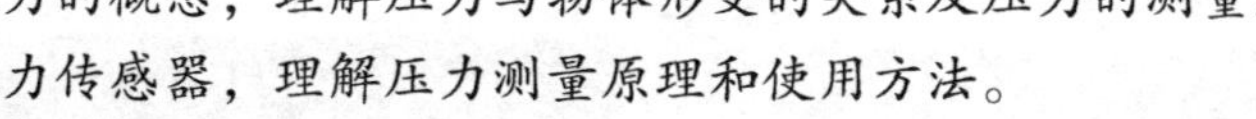

图 3-1　压力传感器测量框图

在本模块中，主要介绍电阻应变式压力传感器和压电式压力传感器的特性，并学习使用这些传感器。力的测量方法有多种，依据力—电变换原理，有电阻式（电位器式、电阻应变片式）、电感式（自感式、互感式、涡流式）、电容式、压电式、压磁式等。这些传感器均需借助弹性敏感元件或其他敏感元件将压力转换为电量，从而间接地测量出压力的大小。

利用如图 3-2 所示的测力秤称出不同物体的重量。观察不同秤的特点、测力范围并比较它们的异同。

除了日常使用的测力秤，在工业生产和科学实验中，人们广泛地使用力传感器测力和称重。例如，在钢铁工业生产中，力传感器可以测定轧制力，给出进轧与自动控制钢板厚度的信号；在检测斜拉桥上的斜拉绳的应变时，以便调节钢丝绳的长度，使各绳受力均匀；在航天航空等领域，力传感器则常用于自动控制与自动检测系统。

验证大气压力的实验，如图 3-3 所示，我们可以利用集气瓶和水，硬纸板验证大气的压力，你还能想出其他测试大气压力的方法吗？还能想出验证力的其他实例吗？

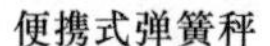

便携式弹簧秤　　不锈钢厨房秤　　电子计数桌秤

图 3-2　日常见到的测力秤

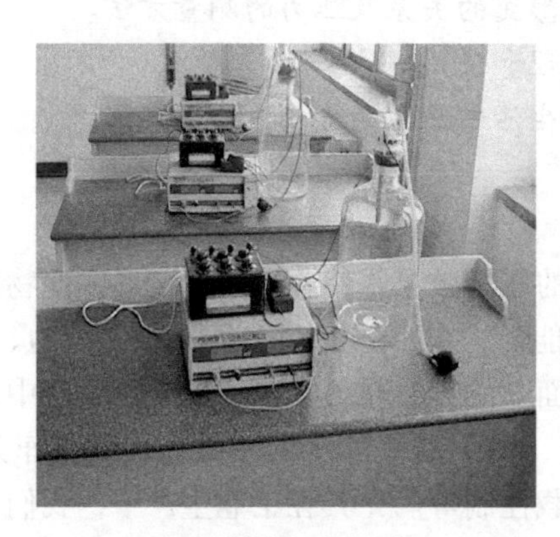

a) 常用测试大气压力实验

b) 马德堡半球实验

图 3-3　验证大气压力实验

子模块一　电阻应变式压力传感器

子模块知识目标

1）通过本子模块的训练，理解电阻应变式压力传感器的应变效应。

2）掌握应变式传感器的不同类型和使用特点。

3）掌握电阻应变式压力传感器测量电路工作原理并会应用。

4）了解弹性敏感元件的结构和性能。

子模块技能目标

1）能用万用表检测应变式压力传感器的应变效应。

2）能装配和调试简易电子秤。

3）学会电阻应变片的清洗和粘贴技术。

金属导体或半导体材料在外力作用下产生机械变形时，其电阻值也相应地发生变化，这一物理现象称为应变效应。电阻应变式压力传感器是一种利用电阻材料的应变效应，将工程结构件的内部变形转换为电阻变化的传感器，是在弹性元件上通过特定工艺粘贴电阻应变片来实现的。在工程测量中，人们通过一定的机械装置将被测量转化为弹性元件的形变，再由电阻应变片将形变转换为电阻的变化，利用测量电路进一步将电阻的变化转换为电压或电流信号输出。

电阻应变式压力传感器的测试框图如图 3-4 所示：

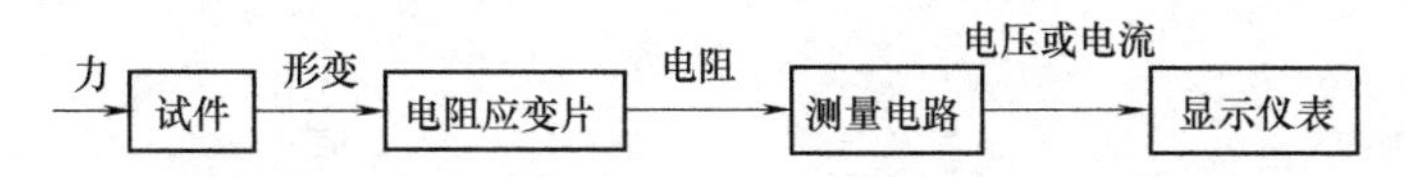

图 3-4　电阻应变式压力传感器的测试框图

测试时，应变片被牢固地粘贴在被测试件的表面上，随着试件受力变形，应变片的敏感栅也获得同样的变形，从而使其电阻值也随之发生变化，而此电阻的变化是与试件应变成比例的，如果通过一定的测量线路把这种电阻变化转换为电压或电流的变化，再用显示仪表将其显示记录下来，即可得到被测试件应变量的大小。

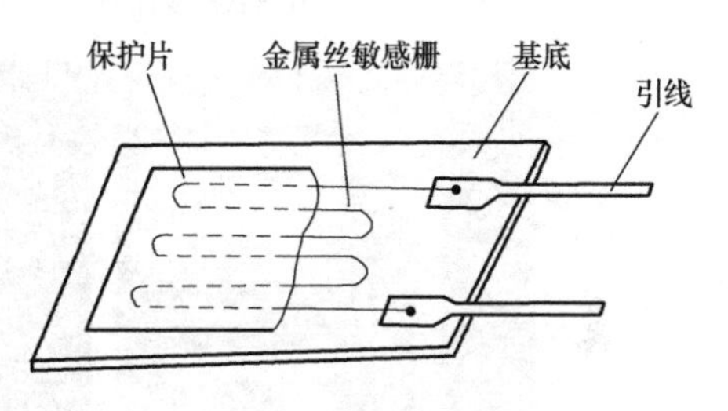

图 3-5　电阻应变片的结构

电阻应变片的结构如图 3-5 所示，电阻应变片由金属丝敏感栅、基底、保护片和引线等部分组成。

任务一　认识电阻应变片

【任务描述】

观察并测量电阻应变片的应变效应。

【材料准备】

准备材料如图 3-6 所示丝状电阻应变片和箔状电阻应变片各一枚，镊子一支，试件（不锈钢块）一个，不锈钢标准砝码若干，万用表一块，放大镜一个。

【任务实施】

1. 识别、检测元件

用镊子小心地夹起电阻应变片放平在实验桌上，利用放大镜观察应变片应无气泡、引线无锈蚀、断路或短路者方可使用。

2. 空载测量、记录数据

使用万用表测量丝状和箔状电阻应变片的电阻值，并记录下来，如图 3-7 所示。

3. 加载测量、记录数据

将电阻应变片固定在试件上，在应变片上用镊子夹起标准砝码一枚放置在应变片上，此时再测电阻值，并记录下来。

将空载测量和加载测量两种情况测出的电阻值进行比较，你会得出什么结论？

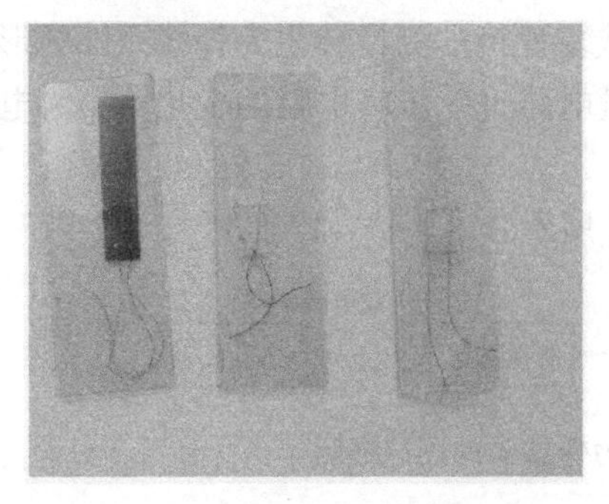

a) 丝状应变片

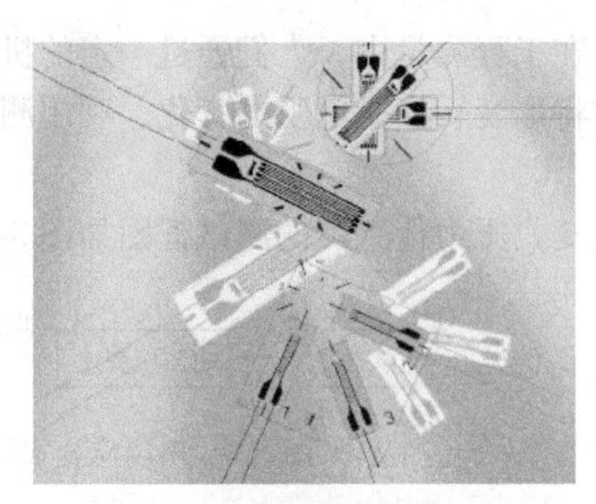

b) 箔状应变片

c) 万用表

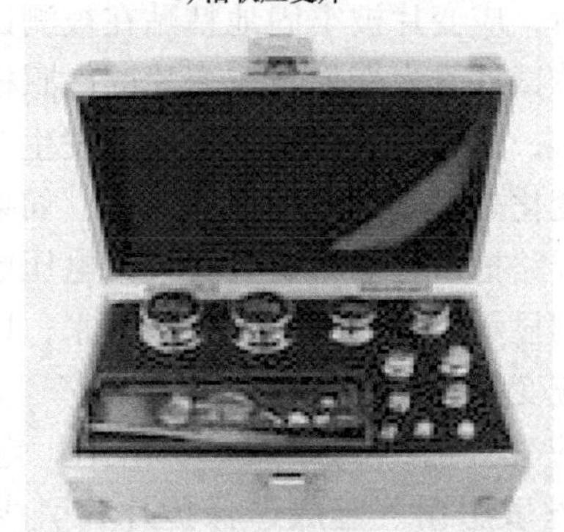

d) 不锈钢标准砝码

图 3-6　认识电阻应变片准备的材料

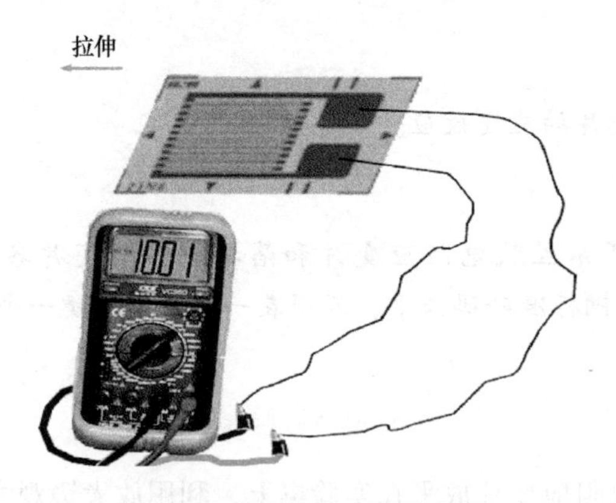

图 3-7　测量电阻应变片电阻

数据整理

将空载测量与加载测量得到的电阻值数据填入表 3-1 中。

表 3-1　认识电阻应变片应变效应电阻值比较

空　载	0.5kg	1kg	2kg	备　注
电 阻 值				

注意事项

1. 严格按操作步骤进行实验。

2. 注意防潮、防电，注意人身安全。

3. 做完实验，按照“6S”要求整理现场。

任务评价

根据表 3-2，对任务完成情况作出评价。

表 3-2 实操评分标准

项目		工艺标准	配分	得分
元件识别、检测		1. 能正确地识别丝状、箔状应变片 2. 能判别电阻可用或有气泡、断路或短路 3. 会利用万用表，并拨挡到电阻挡	30	
调试	空载测量	正确测量空载应变片电阻值并记录	30	
	加载测量	1. 能正确夹取砝码放置在应变片上 2. 能正确地利用万用表测量	30	
安全、文明生产		1. 安全用电，不故意损坏工具、设备和元器件 2. 保持环境整洁，干净，达到 6S 要求	10	

【知识学习】

1. 应变效应

应变材料的电阻值会随其所受压力的变化而变化，这种现象就是金属和半导体材料的应变效应。

应变材料金属丝如图 3-8 所示。

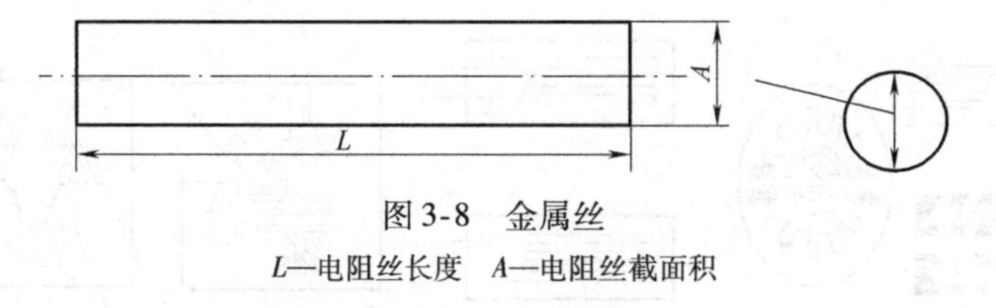

图 3-8 金属丝

L—电阻丝长度 *A*—电阻丝截面积

由电工学原理可知，金属丝电阻 R 可用下式表示为：

$$R=\rho\frac{L}{A}=\rho\frac{L}{\pi r^2} \tag{3-1}$$

式中 ρ——电阻率，单位为 $\Omega\cdot m$；

L——电阻丝长度，单位为 m；

A——电阻丝截面积，单位为 m^2。

当沿金属丝的长度方向施加均匀力时，上式中的 ρ、L、A 都将发生变化，导致电阻值变化。于是得到以下结论：金属丝受外力作用而伸长时，长度增加，截面积减少，电阻值会增大；当金属丝受外力作用而压缩时，长度减少，截面积增加，电阻值会减小。电阻值的变化通常较小。

实验证明，电阻应变片的电阻应变

$$\Delta R/R=K\varepsilon_R \tag{3-2}$$

式中 $\Delta R/R$——电阻应变片的电阻应变；

K——电阻丝的灵敏度；

ε_R——被测件在应变片中的应变。

选择应变片中敏感栅的金属材料时有以下基本要求：

（1）灵敏系数要大，且在所测应变范围内保持不变。

（2）ρ 要求大而稳定，以便于缩短敏感栅长度。

（3）电阻温度系数要小。

（4）抗氧化，耐腐蚀性好，具备良好的焊接性能。

（5）机械强度高，具备良好的机械加工性能。

综上所述，康铜是目前应用最广泛的应变丝材料，它具有如下优点：灵敏系数稳定，在其塑形变形范围内也基本保持为常数；电阻温度系数较小且稳定，采用了合适的热处理工艺后，可使电阻温度系数在 $\pm 50\times10^{-6}$/℃的范围内；易于加工和焊接。因此，国内外多以康铜作为应变片材料。

2. 电阻应变式传感器

电阻应变式传感器是以电阻应变片为转换元件的电阻式传感器。电阻应变式传感器由弹性敏感元件、电阻应变计、补偿电阻和外壳组成，可根据具体测量要求设计成多种结构形式。弹性敏感元件受到所测量的力而产生变形，并使附着其上的电阻应变片一起变形。电阻应变计再将变形转换为电阻值的变化，从而可以测量力、压力、扭矩、位移、加速度和温度等多种物理量。如图 3-9 所示是几种常用应变片的基本形式。

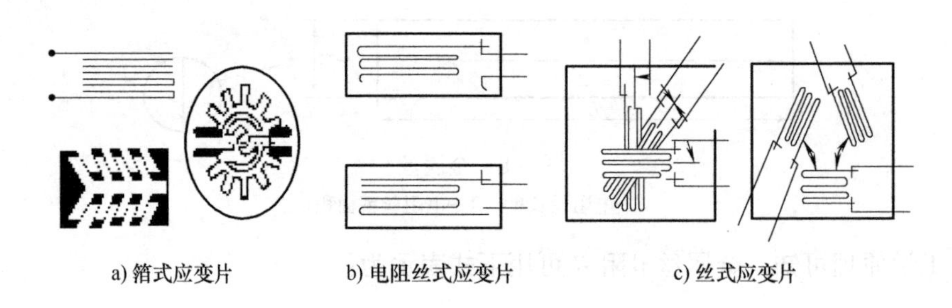

a) 箔式应变片 b) 电阻丝式应变片 c) 丝式应变片

图 3-9 几种常用应变片的基本形式

（1）应用及优点

常用的电阻应变式传感器有应变式力传感器、应变式压力传感器、应变式扭矩传感器、应变式位移传感器、应变式加速度传感器和测温应变计等。电阻应变式传感器的优点是：结构简单，测量范围广，精度高，寿命长，频率响应特性好，能在恶劣条件下工作，容易实现品种多样化、小型化、整体化和等。其常用的生产生活应用如图 3-10 和图 3-11 所示。

（2）缺点

电阻应变式传感器的缺点是：它对于大应变会产生较大的非线性，且输出信号较弱，但可采取一定的补偿措施。因此工程人员常将它们广泛应用在自动测试和控制技术领域中。

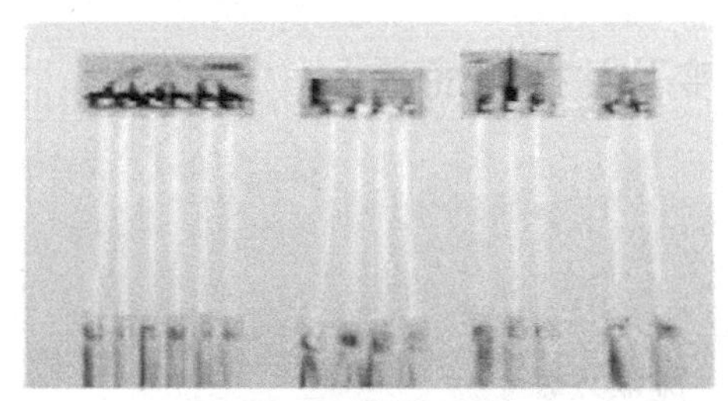

HBM 公司应变计

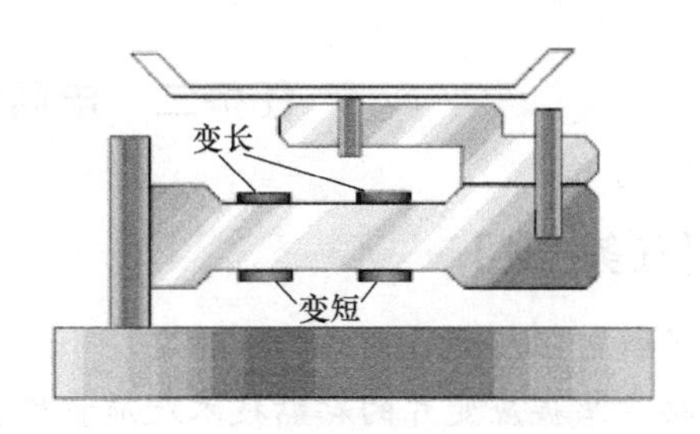

悬臂梁电子秤的原理演示

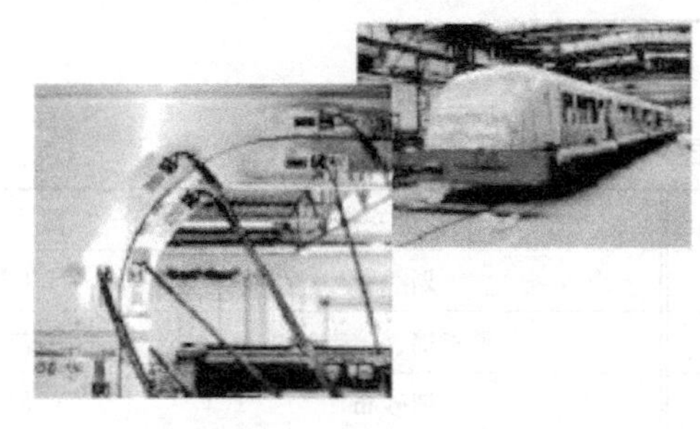

电阻应变式传感器用于铁路工程

图 3-10　电阻应变式传感器的应用

图 3-11　应变式传感器应用于制造业

任务思考

1. 在本活动中电阻阻值变化的原因是什么?

2. 如果电阻应变片上所加的负载不同，那么其电阻值也会不同，为什么？你能发现其中的规律吗?

3. 电阻应变式传感器是利用电阻应变片受________后发生________致使________发生变化的原理，以进行物理量的测量的。

4. Resistance Straingauge Type Transducer 的中文是指________。

5. 利用电阻应变原理制成的传感器可用来测量诸如________、________、________等参数。

任务二　电阻应变片粘接测试

【任务描述】

1. 了解电阻应变片的结构、种类。
2. 初步掌握应变片的粘贴技术及质量检查、防潮方法。

【材料准备】

根据表3-3，准备元器件、工具。

表3-3　元器件、工具清单

名　　称	数　　量	名　　称	数　　量
试件	1个	划线针	1把
应变片	1枚	脱脂棉、胶带纸	若干
KH-501（502）胶	1瓶	细砂布	若干
丙酮（滴瓶装）	1瓶	接线端子	1个
镊子	1支	放大镜	1支
小螺钉旋具	1把	聚四氯乙烯薄膜	若干
高度尺	1把	应变片样本	1册
钢板尺	1支	数字万用表	1块

【任务实施】

1. 准备工作

仔细观察电阻应变片的样品，区别纸基、胶基等应变片及其结构，特别注意应变片在粘贴时的正反面区别。

2. 选择应变片

1）根据试件大小、工作温度和受力情况选取合适的应变片。

2）用5~10倍的放大镜选择没有短路、断路、气泡等缺陷且表面平整、丝栅排列均匀的应变片。

3）量出所选取的应变片阻值，使阻值相近的应变片放在一起，应设法使同组各应变片的阻值之差不超过0.5Ω，保证测量时易于调整平衡。

3. 试件的表面处理与划线

1）根据试件的表面状况进行预清洗，一般采用有机溶剂脱脂棉除渍。

2）除锈及粗化。一般多采用纱布打磨法，除掉试件表面的锈渍使其露出新鲜的金属表层，以便使胶液充分浸润，提高粘贴强度，用细纱布沿着与所测应变轴成45°方向交叉度打磨，使试件表面呈细密、均匀、新鲜的交叉网纹状，以利于充分传递应变，打磨面要大于应变片的面积，如图3-12所示。

3）划定位基准线。根据应变片尺寸，利用钢板尺，高度尺，划线针或硬质铅笔划出确定应变片粘贴位置的定位基准线，划线时，不要划到应变片覆盖范围内。

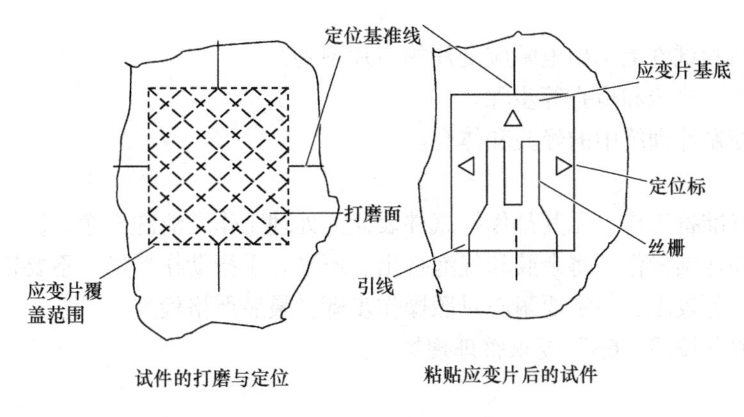

图 3-12 试件的表面处理与划线

4）清洗。多采用纯度较高的酒精溶液或丙酮溶液等，手持尖镊子夹持脱脂棉蘸少量的丙酮粗略地洗去打磨粉粒，再用无污染的脱脂棉球蘸丙酮仔细地从里向外擦拭粘贴表面，棉球四面都擦过，更换新棉球再擦，直到无污物为止，应变片背面也要轻轻擦拭干净，干燥后备用。

4. 粘贴

在干净的实验室里，用清洗过的小螺钉旋具蘸取少量 KH-501（或 502）胶液，在试件粘贴表面和应变片背面单方向涂上薄而均匀的一层胶液（单方向涂抹，以防产生气泡），静置一会儿，等涂胶的试件和应变片上胶液溶剂挥发但还带有黏性时，将应变片涂胶的一面与试件表面贴合，注意应变片的定位标应与试件上的定位基准线对齐，在贴好的应变片上覆盖一层聚四氯乙烯薄膜，用手指单方向轻轻按压，将余胶和气泡挤出、压平。手指按压时，不要相对试件错动，按压 3 ~ 5min 后，放在室温下固化。

5. 接线

1）在应变片引出线下方的试件上粘贴胶带纸（宽度大于 10mm），使引线与试件绝缘。

2）将覆铜板制成的接线端子用胶水粘在各应变片引出线的前方，如图 3-13 所示，在接线端子上上好焊锡，用镊子轻轻将应变片引出线与接线端子靠近，再用电烙铁把引出线焊在端子上，焊接要迅速，焊点要光滑，不可虚焊，多余的引出线要剪断。

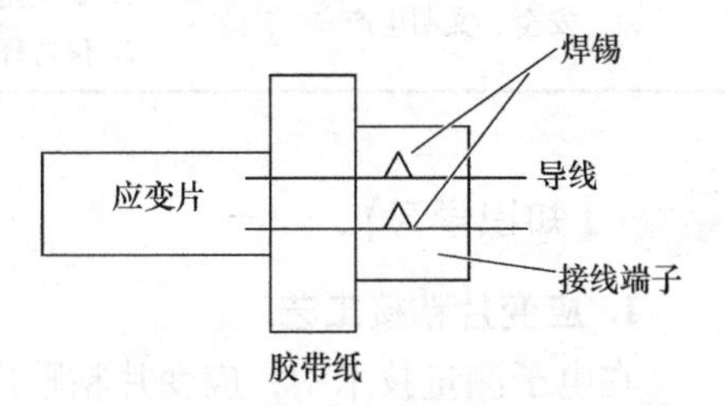

图 3-13 应变片与导线的连接

6. 检查及清理

1）用数字万用表检查上述经过处理后的应变片无短路、断路现象，测出应变片与试件间的绝缘电阻，本实验属于短期测量，应达到 20MΩ 以上即可。低于 20MΩ 将会严重影响到稳定性，达不到要求的应重新贴片。

2）若需防潮，可用烙铁融化石蜡覆盖应变片区域即可，还可在石蜡层上用绝缘带缠起来，以防测量中机械损坏。

3）清理现场，物品归位。

任务思考

1. 你能在被测试件上画出电阻应变片的布片图吗?
2. 简述贴片、接线和检查等步骤。
3. 谈谈你在贴片训练中的经验和体会。

注意事项

1. 认真做好准备工作，尤其是作好试件表面的处理工作，清洗干净，注意防潮。
2. 粘贴时要仔细操作，将余胶和气泡挤出、压平。手指动作严格，不要错动试件。
3. 本实验步骤较多，一定要耐心对照操作步骤，最后严格检查。
4. 做完实验，按照“6S”要求整理现场。

任务评价

根据表 3-4，对任务完成情况作出评价。

表 3-4 实操评分标准

项 目		工艺标准	配分	得分
准备	元件的观察与识别	能分辨应变片的结构、正反面	10	
	元件的选取	会根据需要选取合适的应变片	10	
	表面处理	1. 会正确地除锈，粗化，画基准线 2. 小心，仔细，应变片无短路、断路	20	
	清洗	能按操作规程清洗应变片	10	
装配	粘贴	应涂抹均匀，对准基准线，挤出气泡	15	
	接线	1. 引线与试件绝缘 2. 要求粘贴充分，无气泡，压平	15	
	检查、清理	能用万用表测出应变片与试件间的电阻，并达到要求	10	
安全、文明生产		1. 安全用电，不故意损坏工具、设备和元器件 2. 保持环境整洁，干净，达到“6S”要求	10	

【知识学习】

1. 应变片粘接工艺

在电子测量技术中，应变片粘贴质量的优、劣对测量的可靠性影响很大，是一个非常关键性的环节，必须予以注意。我们在应变片的粘贴过程中应做到认真操作，一丝不苟。

应变片有很多种类，金箔式、丝式、薄膜式、半导体式等。目前在实验中较为常用的电阻应变片是金箔式应变片（简称箔式应变片），我们就以箔式电阻应变片为例，谈一谈实验中应变片的粘贴技巧。

箔式应变片是用厚变为 0.003～0.01mm 的康铜或镍铬箔片借光刻和腐蚀工艺制作成栅状。这种应变片具有线条均匀、灵敏度分散性小，测试范围广等优点，所以得到广泛应用。

在做实验之前，第一个问题是如何选择正确的应变片，由于箔式应变片的主要参数指标有：应变片的几何尺寸（包括敏感栅基长、应变片基底长、敏感栅基宽、应变片基底宽）、电阻阻值、灵敏度系数、允许电流、线性度、滞后、零漂、极限应变等，能否正确选择适当正确的应变片将直接影响到电测法的测试结果。为合理选用应变片，我们应对其性能作一些了解。通常情况下，大尺寸的应变片，能感受较多的平均应变量，有利于测量精度的提高；小尺寸的应变片，虽然感受平均应变量较少，但能较好地反映出“点”的应力，所以对于应变片尺寸的选择，应根据构件受力后的应力分布情况和构件自身相关尺寸来决定。

在选好应变片准备粘贴之前，我们应对应变片作严格仔细地检查，检查的内容包括：

（1）应变片的外形检查。

即检查应变片是否存在断路、短路现象、片中各部位是否有损伤、折断发生、片内是否夹有气泡或霉变现象等。

（2）应变片电阻值的检测。

为保证使用的应变片的电阻误差不超过允许范围，可事先选用准确度较高的欧姆表或采用直流电桥对其进行检测，以免因同组使用的应变片的阻值误差太大而造成测量结果欠准。

（3）检查应变片上是否标有中心。

应变片上若没标中心，则应在其基盖上补画出纵、横线条，这样可方便粘贴应变片。同时，被测试件的表面上应划出定位线。以确保应变片的粘贴到位。若被测试件的表面质量不高，将会影响应变片的粘贴，为此，我们应用刮刀或锉刀清除被测点处的氧化皮及污垢，然后用细砂皮纸在试件粘贴部位（一般应大于应变片面积 3 ~ 5 倍左右的表面）进行打磨，沿贴片方向打出 45°的交叉纹，以保证表面的足够光滑，最后用划针在被测点处进行画线，从而保证应变片能牢固顺利地粘贴。

粘贴应变片前，还需用脱脂棉球蘸上清洁溶剂，如丙酮、无水酒精、四氯化碳等溶剂擦洗被测点处的油污，直至棉球上无明显油渍为止，且注意此时勿用手触摸清洗后的表面。然后在应变片的粘贴面处涂上薄薄一层胶水，如 KH501、KH502 胶，一般宜薄不宜厚。将应变片的方位线对准事先在试件上的划线，此时应密切注意应变片的方位线与试件的划线是否重合，这时可在应变片上盖上一层透明纸（或蜡纸），一只手捏住应变片的引出线，另一只手的手指反复轻轻滚压透明纸表面，以便将里面多余的胶水和气泡挤出。滚压应变片时切记不能垂直用力，不能产生滑动或转动，待胶水和气泡被完全挤出后，还应保持手指不动约一分钟左右。当然也可在试件表面盖上一层玻璃纸，然后垫上一块硅皮，用夹具或平整的压块轻压应变片的粘贴处，这些做法的目的都是为保证应变片在粘贴过程中不发生错移，保证其方位线与被测试件测试点处的定位线完全重合。

粘贴后的应变片可让其在室温中自然干燥 15 ~ 24h。为节省时间，也可在自然干燥数小时后，用红外线灯进行烘烤，但温度应控制在不超过 40 ~ 80℃ 范围。若一开始就烘烤，则应变片敏感栅材料的电阻系数将会随温度的骤然变化而改变，这对于后面的测试工作是不利的。

在上述工作完成后，还应对应变片的粘贴质量进行检查，例如可通过放大镜观察应变片粘贴位置和方位角是否准确，粘贴表面有无气泡，应变片是否粘贴牢固；用万用表测量应变片有无断路、短路现象。若无异常，则再用低压变阻表测量应变片的引出线和金属试件之间的绝缘电阻是否符合要求。这一阻值通常应达到 100MΩ 以上才可作用。

接着，在应变片的引出线附近粘贴一片接线端子，同时在引出线下面粘贴一层绝缘胶布。以保证引出线焊点处的绝缘；尔后将测量导线的一端靠近应变片的引出线，在测量导线焊接端去皮约 3mm 并涂上焊锡后，用电烙铁将应变片引出线与测量导线进行锡焊；接时要快且准，以免产生氧化物而影响焊点质量。

应变片接好导线后应立即在应变片的焊接端子处涂上一层防护层，以对其进行防湿、防潮、防老化处理，从而延长其使用寿命，短期防护可采用凡士林作防护剂，长期防护可采用密封性好的防护剂。如环氧树脂、氯丁橡胶、硅橡胶密封剂等。

只要在实验中严格按规程做事，那么我们可以顺利完成电阻应变片的粘贴。当然，实验质量的高低还取决于其他一些因素，如：周围环境温度的变化，试件受载的均匀与否，电阻应变仪的调试是否得当等。

2. 应变片的测量精度的保证方法

电阻应变片传感器是靠电阻值的变化来测量应变的，所以希望它的电阻只随应变而变化，不受其他任何因素的影响。但是，敏感的金属丝电阻值本身会随着温度的变化而变化，且当金属丝材料和试件材料的线膨胀系数不一致时，都会使应变片产生附加变形，造成电阻值的变化。这种由于测量现场环境温度的改变而给测量带来的附加误差，称为应变片的温度误差。

为了提高测量结果的准确度，必须对温度误差进行补偿。补偿方法通常有电桥补偿法和应变片自补偿法。

（1）电桥补偿法

电桥补偿法是最常用且效果较好的线路补偿方法。有以下两种接入方式。

1）在试件上安装一个工作应变片 R_1，在另外一个与被测试件的材料相同但不受力的补偿件上安装一个补偿应变片 R_B。测量时，把两者接入电桥的相邻两臂上，如图 3-14 所示。

由于补偿片与工作片完全相同，且都粘贴在同样材料的试件上，处于相同温度下，所以温度变化使工作片产生的电阻变化 ΔR_1 和补偿片的电阻变化 ΔR_B 相等，因此，电桥仍处于平衡状态，使输出不受温度影响，从而补偿了应变电桥的温度误差。

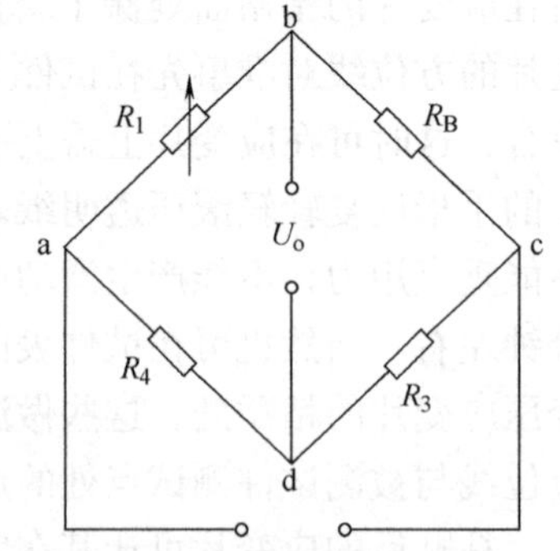

图 3-14 电桥补偿法电路

2）另一种接入方式是不用专门设置补偿件，而将补偿片直接贴在被测试件上，起到温度补偿作用。如图 3-15 所示，为试件做弯曲形变时，工作片 R_1 贴在上面，受到了拉应变；补偿片 R_B 贴在下面，受到压应变，两者大小相等，符号相反。若将工作片和补偿片接入图 3-14 所示的电桥中，会使电桥的输出电压增加一倍。那么，补偿片 R_B 既能起到温度补偿作用，又可以提高测量灵敏度。

（2）应变片自补偿法

该法是利用自身具有温度补偿作用的应变片补偿的。这种应变片制造简单，成本较低，但必须在特定的构件材料上才可以使用，不同材料试件必须采用不同的应变片。

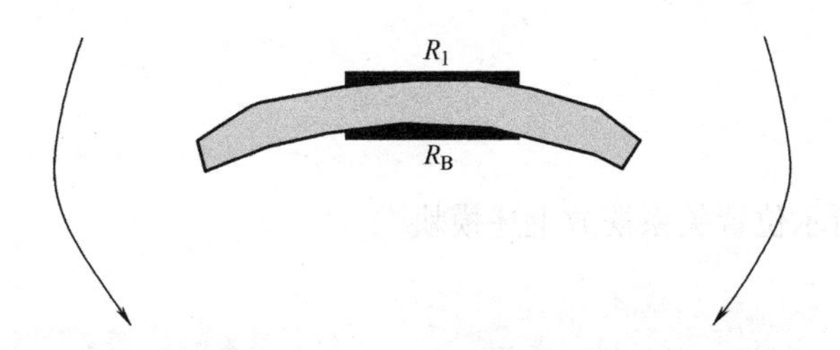

图 3-15 工作片和补偿片在试件上的粘贴形式

任务思考

1. 应变片有很多种类，______________、________、__________、__________等。目前在实验中较为常用的电阻应变片是______________。

2. 大尺寸的应变片，能感受较多的平均应变量，有利于__________的提高；小尺寸的应变片，虽然感受平均应变量较少，但能较好地反映出__________的应力。

3. 在应变片上打磨时，沿贴片方向应打出__________的交叉纹，以保证表面的足够光滑，最后用__________在被测点处进行画线，从而保证应变片能牢固顺利地粘贴。

4. 粘贴应变片前，需用脱脂棉球蘸上清洁溶剂，如________________等溶剂擦洗被测点处的油污，直至棉球上______________为止，且注意此时勿用手触摸清洗后的表面。

5. 粘贴后的应变片可让其在室温中自然干燥__________。也可在自然干燥数小时后，用红外线灯进行烘烤，但温度应控制在不超过__________。若一开始就烘烤，则应变片敏感栅材料的__________将会随温度的骤然变化而改变，这对于后面的测试工作是不利的。

任务三 搭建电子秤电路

【任务描述】

1. 巩固电阻应变片的结构及测量原理。
2. 学会对称重传感器进行调零。
3. 学习电阻应变片的实际应用。

【材料准备】

材料包括亚龙集团校企合作项目成果采用的集成块，分别是：

1. EDM104 称重传感器模块。
2. EDM203ICL7135 模/数转换模块。
3. EDM603 十进制计数器模块。
4. EDM406 4×4 键盘电路模块。
5. EDM001 MCS51 单片机主板电路模块。
6. EDM606 12864 LCD 液晶显示器模块。
7. EDM 504 蜂鸣器模块。

【任务实施】

1. 摆放模块

按照如图3-16所示位置关系摆放上述模块

图3-16　搭建电子秤电路所需模块及位置关系

图中左下部件为EDM 504蜂鸣器模块；图的中部从上至下依次为EDM104称重传感器模块、EDM203ICL7135模/数转换模块、EDM603十进制计数器模块、EDM406 4×4键盘电路模块；图中右上为EDM606 12864 LCD液晶显示器模块；图中右下为EDM001 MCS 51单片机主板电路模块。

2. 插装芯片

将写好电子秤程序的单片机芯片MCS 51小心地插入上述EDM 001 MCS51主板电路块的插座中并压好插座杆，注意芯片方向不可插反！

3. 学习搭接电子秤电路

电子秤电路的组成及连线如图3-17所示，实物连接如图3-18所示。

具体各模块的连线方式如下：

（1）电源连接

将所有模块按模块上的标识正确地连上电源，并注意EDM 203接±5V电源，EDM 104接±12V电源。

（2）EDM406连接

COL1～ROW4插孔连接MCS51单片机主板电路模块的P1.0～P1.7插孔；FLAG插孔连接MCS 51模块的P3.3插孔。

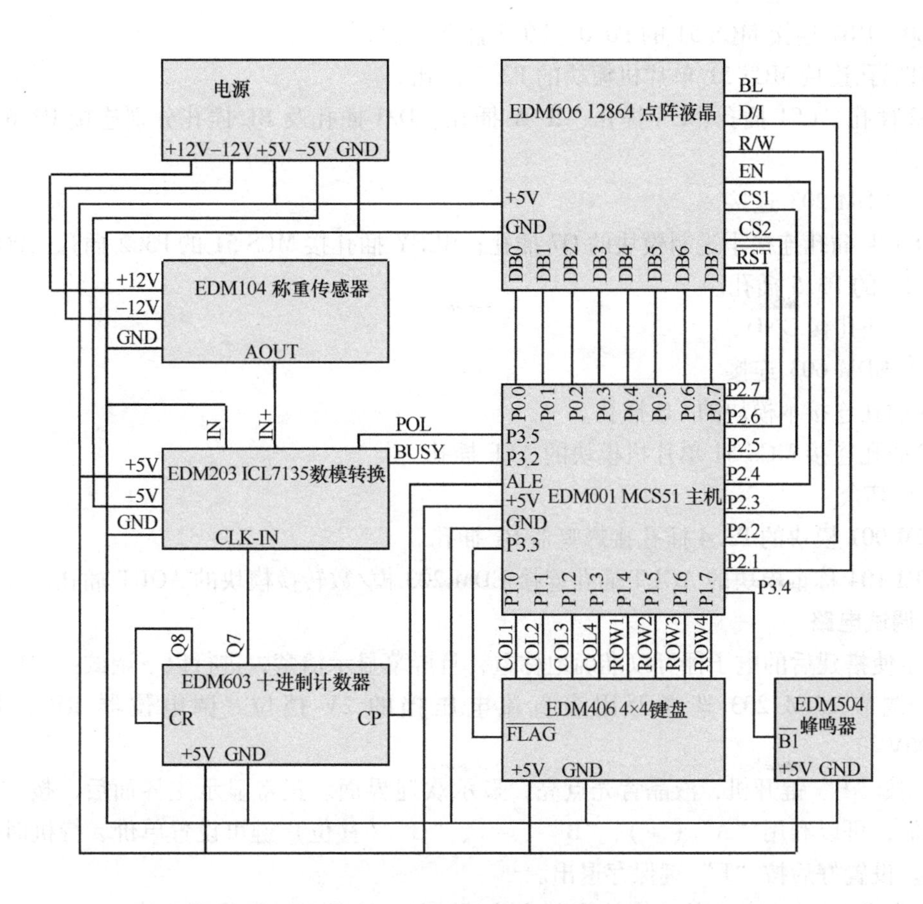

图 3-17　电子秤电路的组成及连线图

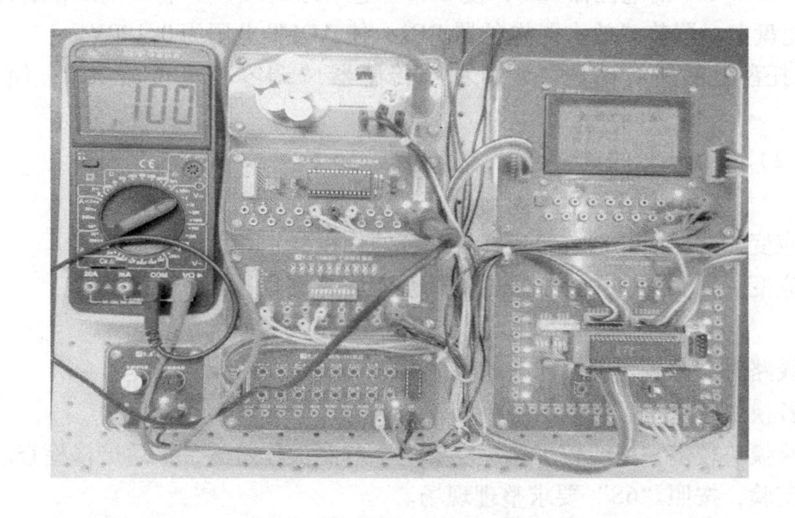

图 3-18　电子秤电路的实物连接

(3) EDM606 连接

DB0～DB7 连接 MCS 51 的 P0.0～P0.7 插孔。

$\overline{PST}$插孔连接 MCS 51 单片机模块的 P2.7 插孔。

CS2 插孔、CS1 插孔、EN 插孔、R/W 插孔、D/I 插孔及 BL 插孔分别连接 P2.6～P2.1 等插孔；

(4) EDM 203 连接

Ext. Clk 插孔连接十进制模块的 Q7 插孔；BUSY 插孔接 MCS 51 的 P3.2 插孔；POL 插孔接 MCS 51 的 P3.5 插孔。

IN －插孔接 GND。

(5) EDM 603 连接

Q8 插孔连接本模块的 CR 插孔。

CP 插孔连接 MCS 51 单片机模块的 ALE 插孔。

(6) 其余

EDM 001 模块的 P3.4 插孔接蜂鸣器 B1 插孔。

EDM 104 称重模块的 AOUT 插孔连接 EDM 203 模/数转换模块的 AOUT 插孔。

4. 调试电路

为了使搭建后的电子秤可以准确地称重，且屏幕显示清楚，进行以下调试：

1）调节 EDM 203 选择万用表直流电压挡的 2V 挡位，调电位器 RP3，使 Uref 为1.000V。

2）按“F”键开机，液晶背光点亮，显示欢迎界面。正常显示主界面后，按“D”键设置界面，可以利用“A”（+)、“B”（-)、“C”（移位）键可设置单价、待机时间、声音提示。设置好后按“E”键保存退出。

3）调节 EDM 606 上的“对比度”电位器 RP4，液晶显示图像更清楚。

4）调节 EDM 104 的电位器 RP2，使 AOUT 电压为0.000V，将5 个20g 砝码全部置于称重传感器的托盘上，调节“放大”电位器 RP1，使 AOUT 电压为0.100V。

5）拿去托盘上的所有砝码，调节称重传感器“调零”电位器 RP2，使 AOUT 电压为0.000V。

6）重复2)、3）步骤的调整过程，直到精确为止。

任务思考

1. 电阻应变传感器由几部分组成？各部分的作用分别是什么？

2. 电阻应变片在实际应用中常采用的补偿方法有哪几种？

注意事项

1. 搭接线路时注意各个模块间的逻辑关系。

2. 注意各模块的正负极连线不可接反。

3. 本实验模块较多，连线较多，一定要耐心对照操作步骤，最后严格检查。

4. 做完实验，按照“6S”要求整理现场。

任务评价

根据表3-5，对任务完成情况作出评价。

表 3-5　实操评分标准

项　目		工 艺 标 准	配分	得分
准备	模块的识别	能分辨各模块的结构，作用	10	
	模块的搭接	会根据要求正确地摆放各模块	10	
	正确连线	1. 会正确地连线； 2. 小心，仔细，检查连线是否正确	30	
调试	调参考电压 U_{ref}	按照要求调节 U_{ref}，使 U_{ref} = 1.000V，且会用万用表测量，操作规范	15	
	调 EDM 104 的电位器 RP2	1. 按要求，调 RP2，使重量对应电压； 2. 会调零	15	
	检查	所称重量与读数相符	10	
安全、文明生产		1. 安全用电，不故意损坏工具、设备和元器件 2. 保持环境整洁，干净，达到“6S”管理要求	10	

【知识学习】

电子秤的结构原理

本任务中，电子秤的输入电路采用了电阻应变式传感器，属于压力传感器。按其结构不同可分为机械式（弹簧管式、风箱式和隔膜式）和半导体式两大类。

压阻式压力传感器的种类和型号很多，如图 3-19 所示，在 EDM104 称重传感器模块中，其核心部件便是一种常见的压力传感器，电气符号如图 3-20 所示。

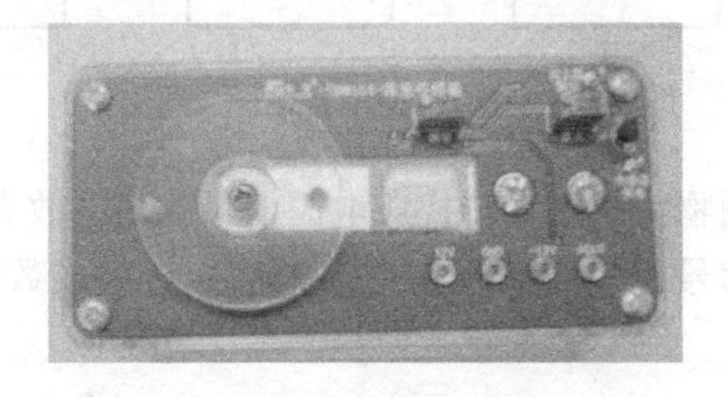

图 3-19　EDM104 称重传感器模块

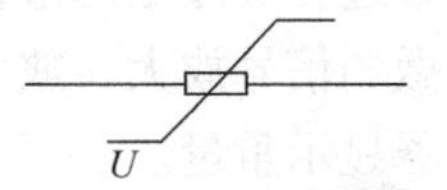

图 3-20　压阻式压力传感器的电气符号

压阻式压力传感器的核心是电阻应变片，通常是利用应变片将弹性元件的形变转换为阻值的变化，再通过转换电路转变成电压信号或电流信号，通过放大后再用数字或模拟显示仪器指示。

导体或半导体材料在外力作用下伸长或缩短时，它的电阻值会相应地发生变化，这一物理现象称为电阻应变效应。将应变片贴在被测物体上，使其随着被测物体的应变一起伸缩，阻值也就相应地变化。应变片就是利用应变效应，通过测量电阻的变化而对应变量进行测量的。电阻应变片分为金属电阻应变片和半导体应变片两大类。电阻应变式传感器的使用方法有两种：一是将应变片直接粘贴于被测构件上，用来测定构件的应变或应力；二是将应变片贴于弹性元件上，与弹性元件一起构成应变式传感器敏感元件。电阻应变式传感器应变电阻的变化是非常微弱的，一般的电阻测量仪器仪表无法满足要求，通常采用双臂电桥电路测量，将电阻相对变化转换为电压或电流的变化。双臂电桥电路如图 3-21 所示，其中 R_1 和

R_3 方向一致，R_2 和 R_4 方向一致，它们之间互相垂直。当应变片受到应力发生变形时，R_1、R_3 的阻值变化与 R_2、R_4 的阻值变化就不相同。当不受力时，电桥平衡，输出电压 $U_{CD}=0$，一旦受力，只要将受力的方向调整合适，就可以使一个方向的两只电阻（R_1 和 R_3 或者 R_2 和 R_4）阻值变小，从而使电桥平衡被破坏，输出端 $U_{CD}\neq 0$，其大小与所受压力有关。

应变片接入电桥的方法有以下几种：一是 R_1 为应变片，其余各桥臂电阻为固定电阻，称为单臂半桥电桥电路；二是在电桥中接入两片应变片，其余桥臂为固定电阻，称为双臂半桥电桥电路；三是电桥的四臂全部接入应变片，称为全桥电桥电路，值得注意的是：相邻的桥臂的应变片所感受的应变方向必须相反。

数字电子秤是采用现代传感器技术、电子技术和计算机技术一体化的电子称量装置，满足并解决了现实生活中提出的“快速、准确、连续、自动”的称量要求。同时有效地消除人为误差，同时使之更符合法制计量管理和工业生产过程控制的应用要求。

电子秤的结构框图如图 3-22 所示。

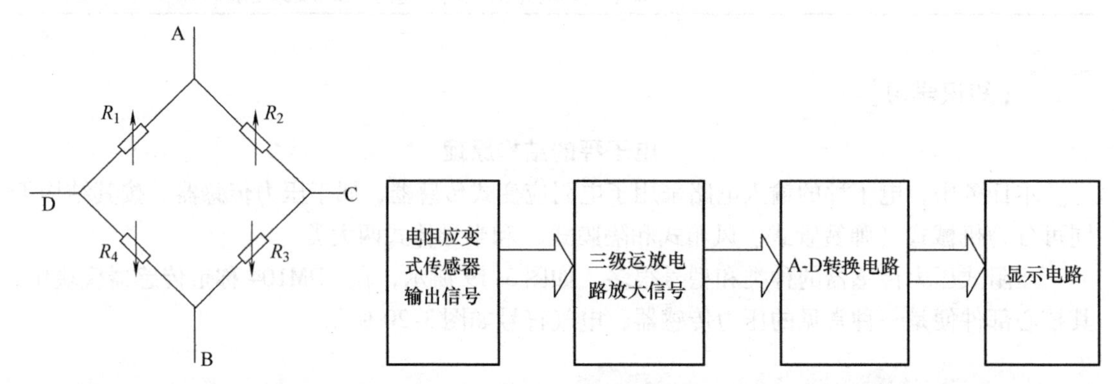

图 3-21　双臂电桥电路　　　　图 3-22　电子秤的结构框图

电子秤的测量过程实际是通过传感器将被测物体的重量转换成电压信号输出，放大系统把来自传感器的微弱信号放大，放大后的电压信号经过模数转换把模拟信号转换成数字量，数字量通过显示器显示重量。

知识拓展：

弹性敏感元件

由弹性材料制成的敏感元件称为弹性敏感元件。传感器在工作的过程中常利用弹性敏感元件把力、压力、力矩、振动等被测参量转换成试件的应变量或位移量，然后再通过各种转换电路把应变量或位移量转换成电量。

1. 弹性敏感元件的分类

在形式上，弹性敏感元件可分为两类，一种是变换力为应变或位移的弹性敏感元件，另一种是变换压力为应变或位移的弹性敏感元件。

变换力的弹性敏感元件

这类敏感元件有实心圆柱式、空心圆柱式、矩形柱式、等截面圆环式和等截面悬臂梁等，如图 3-23 所示。

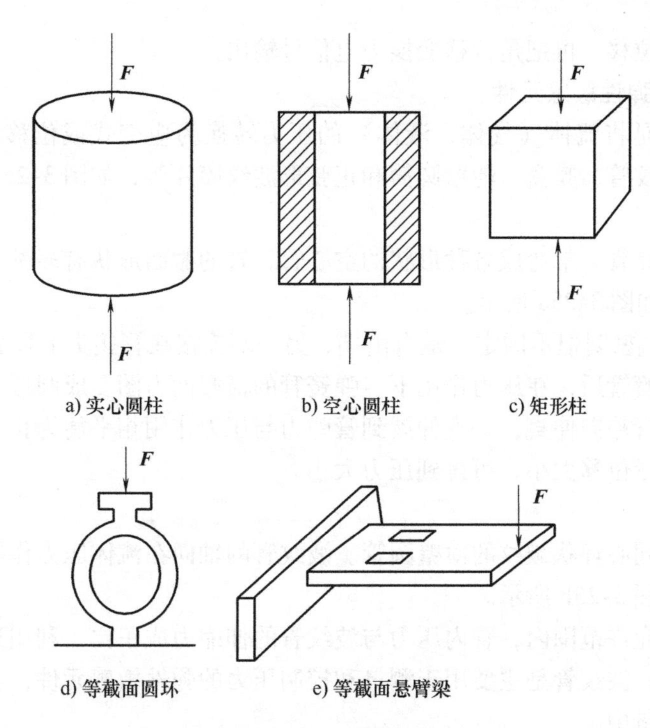

图 3-23　变换力的弹性敏感元件（一）

（1）圆柱式弹性敏感元件

根据截面形状有实心圆柱和空心圆柱等，如图 3-23 所示。特点：结构简单，可承受较大的负载，易于加工，实心圆柱和空心圆柱分别能够测量 10kN 的力和 1～10kN 的力，而且应力变化均匀。

（2）圆环式弹性敏感元件

这种元件比圆柱式弹性敏感元件输出的位移量大，因而具有较高灵敏度，适用于测量较小的力。但是它的工艺性较差，加工时不易于获得较高精度。

圆环式弹性敏感元件各变形部位应力不均匀，所以采用应变片测力时，应将应变片粘贴在其应变最大的位置处。

（3）悬臂梁式弹性敏感元件

特点：它的一端固定，另一端自由，结构比较简单，易于加工，应变和位移较大，适用于测量 1～5kN 的力。等截面悬臂梁的梁上各处的变形大小不同，不便于粘贴应变片，如图 3-23 所示。

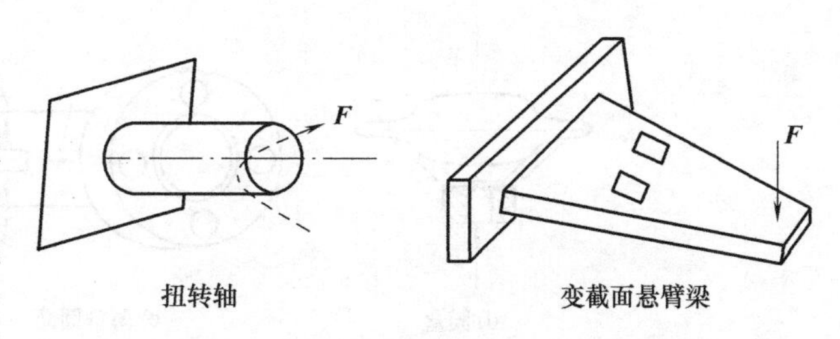

图 3-24　变换力的弹性敏感元件（二）

不等截面悬臂梁的梁上各处的截面不等，但沿整个长度方向各处的应变相等，便于粘贴应变片，如图 3-24 所示。

（4）扭转轴式弹性敏感元件

扭转轴式弹性敏感元件是专门用来测量扭矩的弹性元件。扭矩的大小是转轴与作用点的距离和力的乘积，如图 3-24 所示。这种元件主要用来制作扭矩传感器，它利用扭转轴弹性体把扭矩转换为角位移，再把角位移变换为电信号输出。

2. 变换压力的弹性敏感元件

这类敏感元件是将流体（气体、液体）的压力转换为应变式或位移的弹性敏感元件，主要有弹簧管、波纹管、膜盒、薄壁圆筒和正弦形波纹膜片等，如图3-25所示。

（1）弹簧管

弹簧管也称波登管，常弯成各种形状的空心管，管的截面形状有多种，但是用最多的是C形薄壁空心管，如图3-25a所示。

C形弹簧管一端密封但不固定，是自由端，另一端连接在管接头上且固定。当流体压力通过管接头进入弹簧管后，在压力作用下，弹簧管的横截面力图变成圆形截面，截面的短轴力图伸长，使弹簧管趋向伸直，一直伸展到管弹力与压力作用相平衡为止。这样自由端便产生了位移，通过测量位移大小，可得到压力大小。

（2）波纹管

波纹管是许多同心环状皱纹的薄壁圆管。波纹管的轴向在流体压力作用下极易变形，有较高的灵敏度，如图3-25b所示。

特点：在变形允许范围内，管内压力与波纹管的伸缩力成正比，利用这一特性，可以将压力转换为位移量。波纹管是主要用于测量和控制压力的弹性敏感元件，灵敏度较高，常用作小压力和差压测量中。

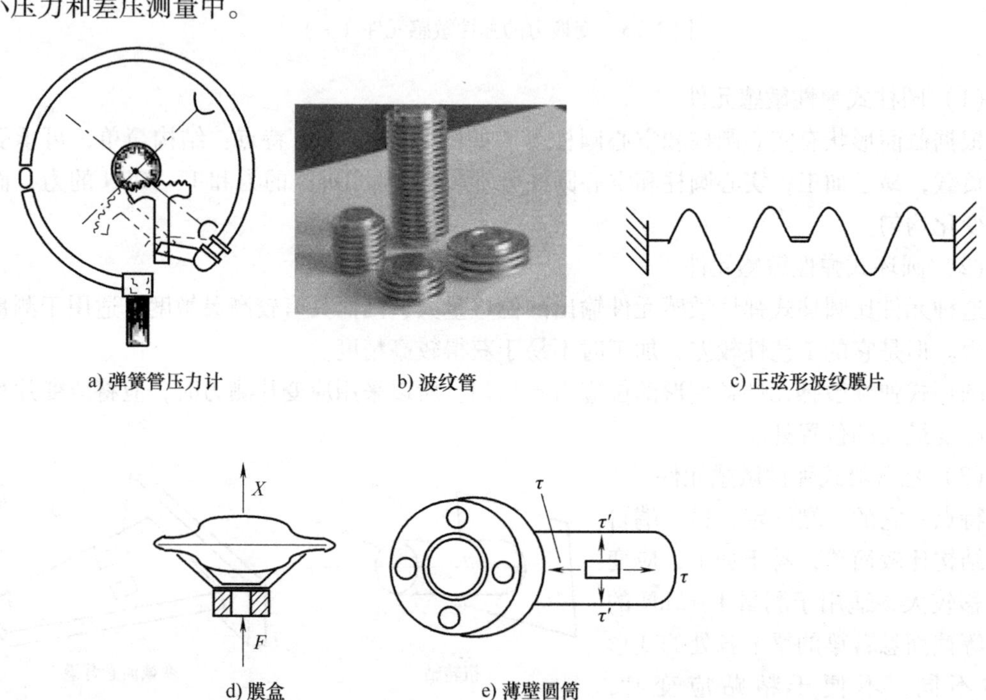

a) 弹簧管压力计　b) 波纹管　c) 正弦形波纹膜片

d) 膜盒　e) 薄壁圆筒

图3-25　变换压力的弹性敏感元件

（3）波纹膜片和膜盒

平膜片在压力或力的作用下位移量小，因此常把平膜片加工成具有环状同心波纹的圆形薄膜，即波纹膜片，如图3-25c、d所示，膜片的厚度在0.05～0.3mm之间，波纹的高度在0.7～1mm之间，以保证线性度好、灵敏度高及各种误差小，膜片的常用材料是锡青铜。

特点：膜片的中心有一个平面，可焊接一块金属片，便于同其他部件连接。当膜片两面受到不同压力时，膜片弯向压力低的一面，其中心产生位移。

为增加位移量，常将两个膜片焊接在一起组成膜盒，如图3-25d所示。则此时它的位移量是单个膜片的两倍，提高了输出灵敏度。膜片和膜盒多用于动态压力测量。

（4）薄壁圆筒

如图3-25e所示，其特点是：薄壁圆筒弹性敏感元件的灵敏度取决于圆筒的半径和壁厚，与圆筒的长度无关。

当圆筒内腔受流体压力时，筒壁均匀向外扩张，所以在筒壁的轴线方向产生拉伸力和应变。筒壁厚通常为0.07～0.12mm。

3. 弹性敏感元件的特性

（1）刚度

刚度是弹性敏感元件在外力作用下变形大小的量度，反映了弹性敏感元件抵抗变形的能力，一般用k表示，

$$k=\frac{\mathrm{d}F}{\mathrm{d}x} \tag{3-3}$$

式中　F——作用在弹性元件上的外力；

x——弹性元件产生的变形。

（2）灵敏度

灵敏度是指弹性敏感元件在单位外力作用下产生变形的大小，它是刚度的倒数，用K表示，

$$K=\frac{\mathrm{d}x}{\mathrm{d}F} \tag{3-4}$$

在测控系统中，希望K是常数。

（3）弹性滞后

弹性敏感元件在弹性区域内加载、卸载时，由于应变落后于应力，使加载曲线与卸载曲线不重合，即加载卸载的正反行程曲线不重合而形成一封闭回线，这种现象称为弹性滞后，它会给测量带来误差。存在滞后现象说明加载时消耗于弹性敏感元件的变形的能量大于卸载时弹性敏感元件放出的变形能量，因而有一部分能量为弹性敏感元件所吸收。这部分吸收的能量就称为弹性敏感元件的内耗，其大小用回线面积度量，如图3-26所示。

（4）弹性后效

当载荷从某一数值变化到另一数值时，弹性元件不是马上完成相应的变形，而是经过一定的时间间隔后才逐渐完成变形的，这种现象称为弹性后效，如图3-27所示。

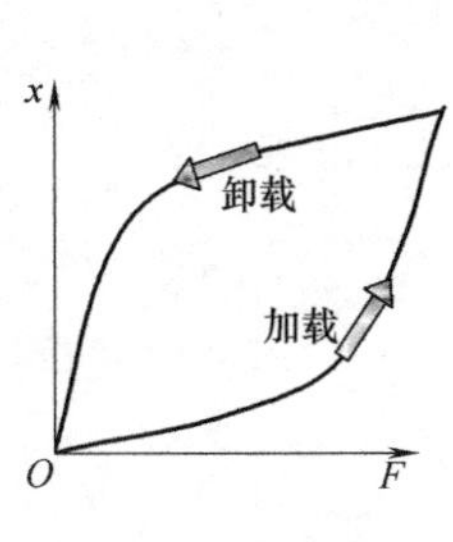

图3-26　弹性滞后

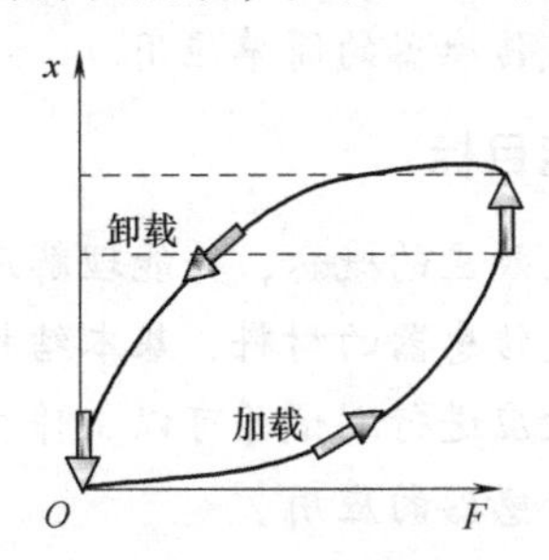

图3-27　弹性后效

由于弹性后效的存在，弹性敏感元件的变形始终不能迅速跟上力的变化，在动态测量时会引起测量误差。造成这一现象的原因是因为弹性敏感元件中的分子间存在内摩擦。材料越均匀，弹性后效越小。高熔点的材料，弹性后效极小。

（5）固有振荡频率

弹性敏感元件都有自己的固有的振荡频率f_0，它将影响传感器的动态特性。传感器的工作频率应避开弹性敏感元件的固有振荡频率，通常希望f_0较高。

在实际工作中选取弹性敏感元件时，常遇到弹性敏感元件特性之间相互矛盾、制约的情况。因此，我们必须根据测量的对象和要求综合考虑，在满足主要要求的条件下兼顾次要特性。

巩固练习

1. 压阻式压力传感器的核心元件是__________，通常是利用__________将弹性元件的形变转换为__________的变化，再通过转换电路转变成__________或__________信号，通过放大后再用__________指示。

2. 导体或半导体材料在__________作用下伸长或缩短时，它的__________会相应地发生变化，这一物理现象称为电阻应变效应。

3. 电子秤的测量过程实际是通过__________将被测物体的____转换成电压信号输出，放大系统把来自传感器的__________放大，放大后的__________经过__________转换把模拟信号转换成数字量，数字量通过__________显示重量。

4. 数字电子秤是采用______________一体化的电子称量装置，满足并解决了现实生活中提出的“快速、准确、连续、自动”的称量要求。同时有效地消除__________，同时使之更符合__________的应用要求。

子模块二　压电式传感器

子模块知识目标

1. 通过本单元的训练，理解压电式传感器的压电效应。
2. 掌握压电式传感器的类型、结构和使用特点。
3. 熟悉压电式传感器测量电路工作原理。
4. 掌握压电式传感器的简单应用。

子模块技能目标

1. 能叙述压电效应的概念，并能理解压电效应。
2. 了解压电式传感器的材料、基本结构。
3. 能对压电效应进行测试并可以制作相应小产品。
4. 掌握压电传感器的应用。

压电式传感器是一种典型的基于压电效应的有源传感器。它的敏感元件由压电材料制成，压电材料受力后表面产生电荷，从而实现非电量电测量的目的。压电传感元件是力敏感元件，它可测量各种动态力，但不能测量静态的力。凡是可以被转换为力的物理量，如压力、加速度、机械冲击与振动等，均可以使用压电式传感器进行测量。压电效应具有可逆性，因此，压电元件又常用作超声波的发射与接收装置。以图 3-28 所示图片为生产实践中使用的各种压电式传感器。

压电式射流角速度传感器

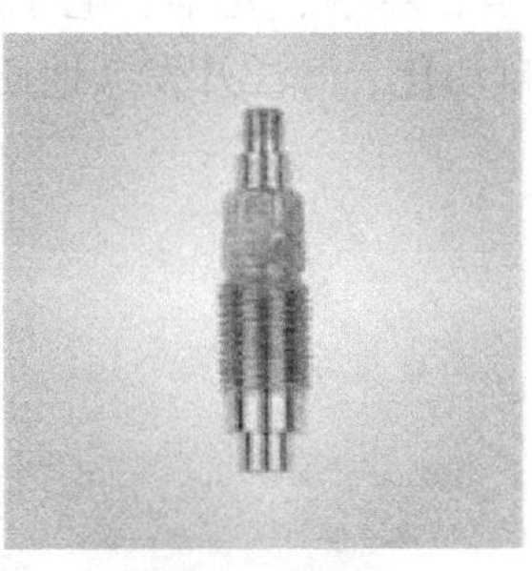

压电式压力传感器

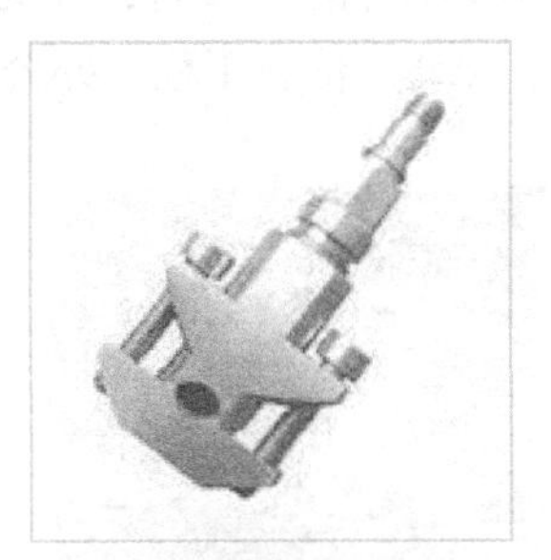

压电式管压测量传感器

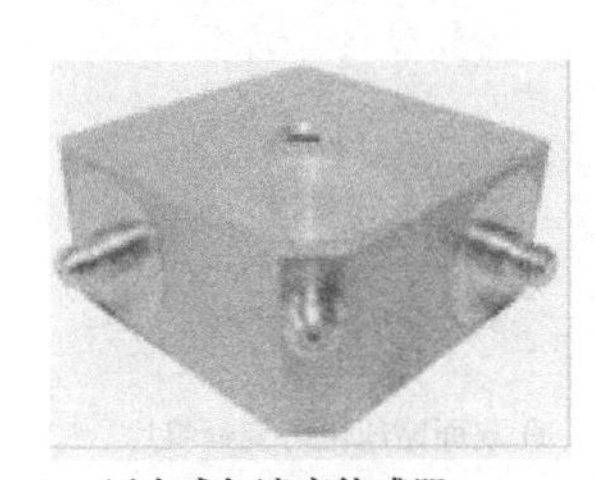

压电式加速度传感器

压电式涡流流量传感器

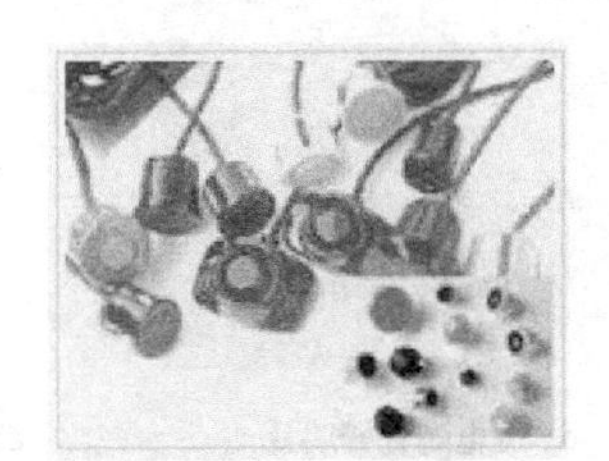

压电材料超声波传感器

图 3-28　各种压电式传感器

压电式传感器具有体积小、重量轻、工作频带宽、灵敏度和测量精度高等特点，而且传感器自身没有运动部件，所以结构坚固、可靠性和稳定性高。在力学、医学、宇航及声学、动态力、机械冲击与振动测量等领域得到了越来越广泛的应用。

任务一　认识压电式传感器

【任务描述】

认识压电式传感器的类型和工作原理。

【材料准备】

压电式传感器实物及图片如图 3-29 所示。

【任务实施】

观察各种类型压电式传感器，通过查找资料和小组讨论，说出其不同的功能和应用环境。

压电陶瓷超声雾化片，主要用于工业和家庭环境加湿、车用加湿、医用药物雾化、盆景等工艺品的喷泉及喷雾。压电陶瓷驱动器，主要用于编织机用选针、压电继电器及其他需要应变驱动的装置。压电陶瓷蜂鸣片，是一种电子发音元件，由于其结构简单，造价低廉，被广泛应用于电子电器方面如：玩具，发音电子表，电子仪器，电子钟表，定时器等方面。而压电薄膜元件所用的材料不仅在许多领域中可替代压电陶瓷材料使用，而且还可以应用在压电陶瓷材料不能使用的场合。因此它是一种极有发展前途的换能性高分子敏感材料。易于制成任意形状及面积不等的片或管，在力学、声学、光学、电子、测量、红外、安全报警、医疗保健、军事、交通、信息工程、办公自动化、海洋开发、地质勘探等技术领域应用十分广泛。

a) 压电陶瓷超声波雾化片

b) 压电陶瓷驱动器

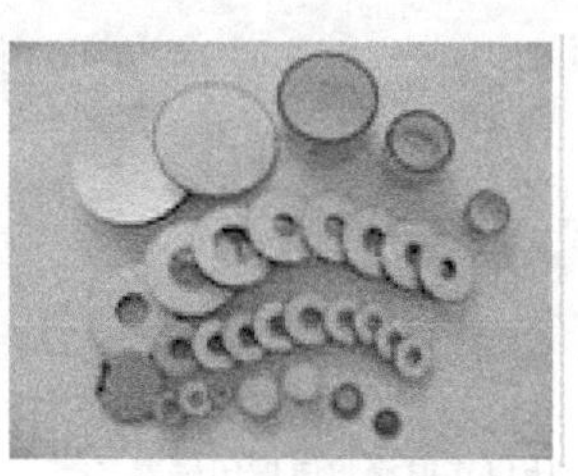

c) 形态不同的压电陶瓷元件

d) 压电陶瓷蜂鸣片

e) 压电陶瓷蜂鸣器

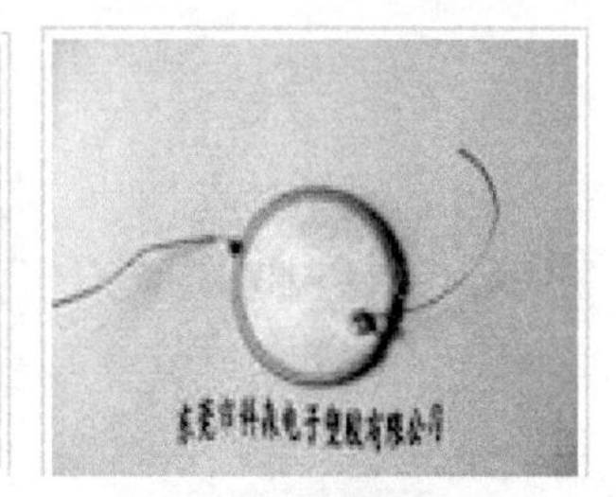

f) 双面贴压电陶瓷蜂鸣片

g) 中空型压电陶瓷平台

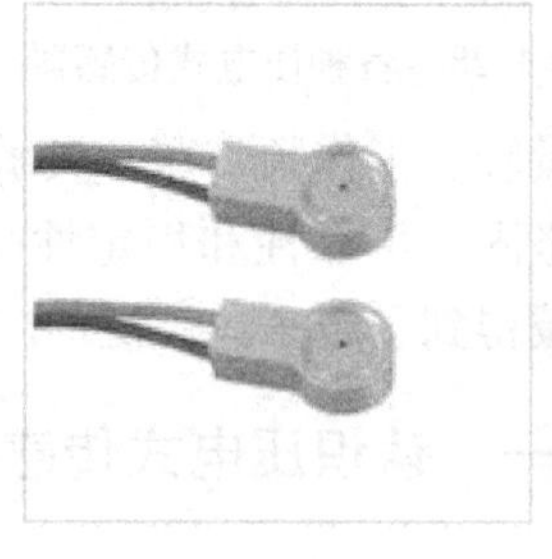

h) 压电式动态土压传感器

i) 压电薄膜元件

图 3-29　压电式传感器

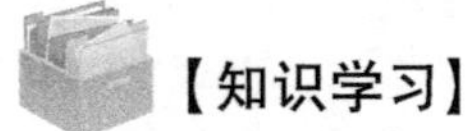

【知识学习】

1. 压电式传感器的结构

实际应用中，常采用两片或两片以上的压电元件粘合在一起，形成压电式传感器，这样可以提高传感器的灵敏度。

压电式传感器按照压电元件的形状分，有圆形、长方形、片状形、柱形和球壳形；按元件的数量分，有单晶片、双晶片和多晶片；若按照极性连接方式分，则有串联和并联。如图3-30所示。

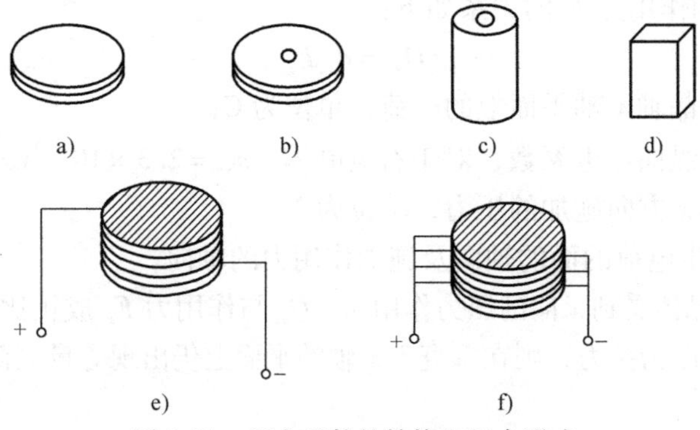

图3-30　压电元件的结构和组合形式

2. 压电式传感器的工作原理

某些晶体受一定方向外力作用而产生机械变形时，相应地在一定的晶体表面产生符号相反的电荷，去掉外力，则电荷也消失；力的方向改变时，电荷的符号也随之改变，这种现象称为正压电效应——机械能转变为电能。反之，在极化方向上（产生电荷的两个表面）施加电场，它又会产生机械变形，这种现象称为逆压电效应——电能转变为机械能，如图3-31所示。具有压电效应的物质（电介质）称为压电材料。

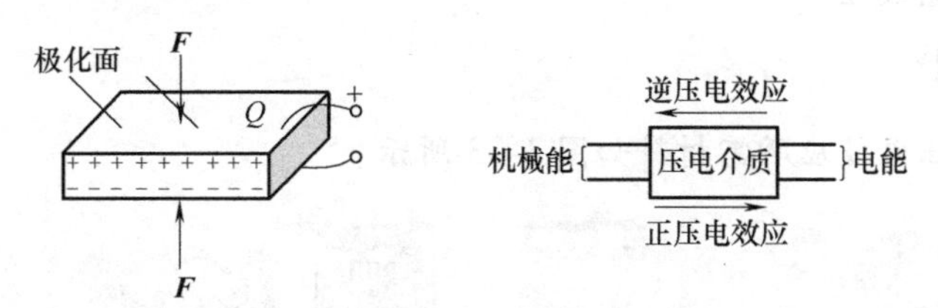

图3-31　压电效应及其可逆性

自然界中大多数晶体都具有压电效应，但压电效应大多微弱。用于传感器的压电材料或元件可分为三类：一类是单晶压电晶体（如石英晶体）——天然存在；图3-32是天然石英晶体的外形图。石英晶体有三个相互垂直的晶轴：z轴为光轴，它与晶体的纵轴线方向一致；x轴为电轴，它通过六面体相对的两个棱线并垂直于光轴；y轴为机械轴，它垂直于两个相对的晶柱棱面。另一类是极化的多晶压电陶瓷，如钛酸钡、锆钛酸钡——人工制造；第三类是高分子压电材料——近年来发展的新型材料。

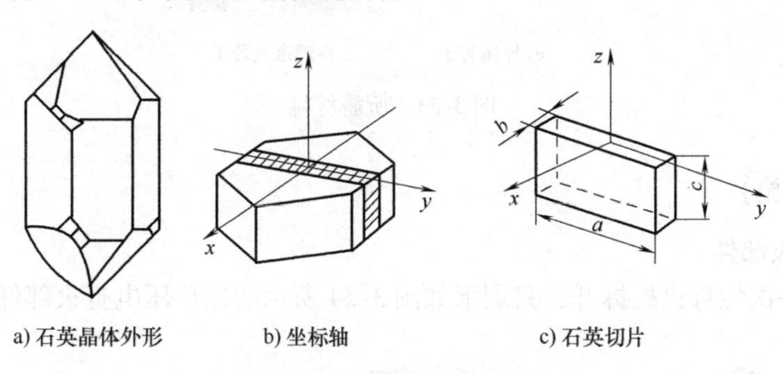

图3-32　天然石英晶体结构

为简便起见，以石英晶体为例，若沿着石英晶体晶轴 x 方向施加力 F，那么，只要测得垂直于力 F 的平面上的电荷量 Q，就可得知作用力 F 的大小，此时，定义 $Q=Q_{xx}$，$F=F_x$，则极化面上电荷 Q_{xx} 和作用力 F_x 的关系如下：

$$Q_{xx}=d_{xx}F_x \tag{3-5}$$

式中　Q_{xx}——垂直于晶轴 x 轴平面上的电荷，单位为 C；

d_{xx}——晶体的纵向压电系数，对于石英晶体，$d_{xx}=2.3\times10^{-12}$C/N；

F_x——沿晶轴 x 方向施加的压力，单位为 N。

下标的含义为产生电荷的面的轴向及施加作用力的轴向。

由上式可知，当晶体受到 x 向的压力作用时，Q_{xx} 与作用力 F_x 成正比，而与晶体的几何尺寸无关。若作用力 F_x 改为拉力，则在垂直于 x 轴的平面上仍出现等量电荷，但极性相反。

任务思考

1. 压电材料有哪些？你能结合实际说说身边的压电元件吗？
2. 压电式传感器能否测量静态的力？为什么？

任务二　测试压电效应

【任务描述】

认识并验证压电效应。

【材料准备】

用打火机演示压电效应所需材料如图 3-33 所示。

a) 一次性打火机

b) MF47指针万用表

c) 数字万用表

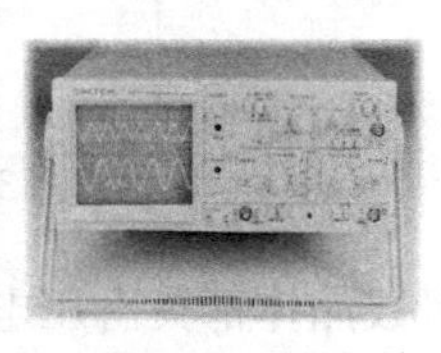

d) 学生用示波器

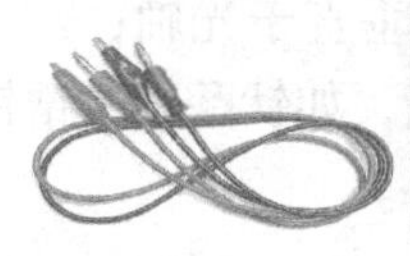

e) 导线若干

f) 鳄鱼夹若干

图 3-33　所需材料

【任务实施】

1. 拆出打火部件

将废弃的一次性打火机拆开，只剩下如图 3-34 所示的黑色压电打火部件。

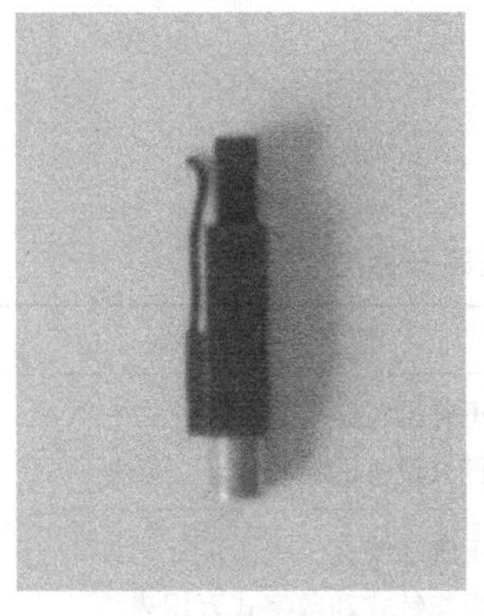

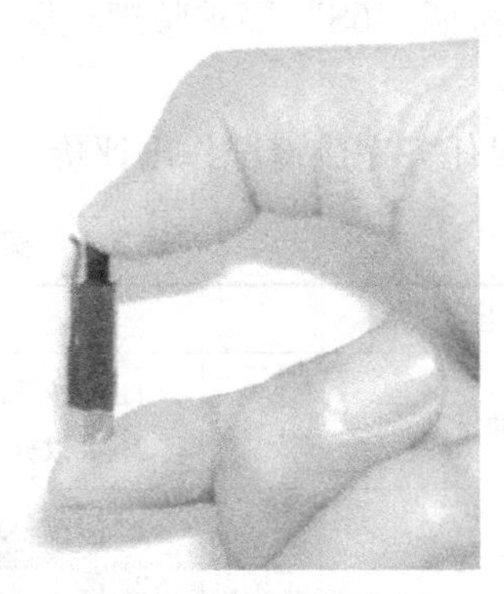

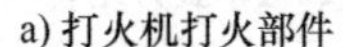

a) 打火机打火部件　　b) 左侧和下侧分别为两个电极

图 3-34　黑色压电打火部件

2. 用指针式万用表测量

将鳄鱼夹和导线分别连上打火部件的两个电极，按动点火元件的黑色塑料压杆，用指针式万用表直流高压挡测量压电元件两个电极的电压，观察现象并分析原因填入表 3-6 中。

表 3-6　现象及原因

现象	
原因	

3. 用数字式万用表测量

用鳄鱼夹和导线分别连上压电元件的两个电极，按动点火元件的黑色塑料压杆，用数字显示万用表直流高压挡测量压电元件两个电极的电压，观察现象并分析原因填入表 3-7 中。

表 3-7　现象及原因

现象	
原因	

4. 电压幅值的估测

用示波器观察压电效应，将示波器交直流选择开关置于“DC”挡，扫描时间置于“0.1ms”挡。示波器输入线分别接在压电打火机压电元件的两个电极上，迅速按下打火机压杆，可以看到示波器扫描线跳动后又恢复原位。利用荧光屏的余辉作用，观察和测量电压幅值大约为多少伏特？并画出波形，描述观察到的波形特点。

任务思考

1. 当你将按钮轻轻一按，煤气灶迅即燃起蓝色火焰，知道原理是什么吗？由此可知，煤气灶点火开关是用什么材料制作的？

2. 在本任务的压电效应测试活动中，能量是如何转换的？

3. 你观察到活动过程中电流或者电压脉冲的持续时间大概是多少？（可用示波器估测）

注意事项

1. 严格按照操作步骤实验，用万用表测量直流电压时应注意极性正负。

2. 用示波器观察波形特点时，注意按要求调节好时间衰减档，并注意观察现象。

3. 实验完毕，按照“6S”要求整理现场。

任务评价

根据表3-8，对任务完成情况作出评价。

表3-8 实操评分标准

项目		工艺标准	配分	得分
准备	器件准备	1. 能按要求正确准备实验设备 2. 可以分清打火设备的结构和正、负极	20	
	连线	1. 能按要求正确连线 2. 能正确使用指针式和数字式万用表	30	
调试	测量	使用万用表测量并正确读数或观察现象	20	
	观察波形	在教师指导下能用示波器观察波形	20	
安全、文明生产		1. 安全用电，不故意损坏工具、设备和元器件 2. 保持环境整洁，干净，达到6S要求	10	

【知识学习】

1. 压电效应

压电效应是某些介质在力的作用下产生形变时，在介质表面出现异种电荷的现象。实验表明，这种束缚电荷的电量与作用力成正比，而电量越多，相对应的两表面电势差（电压）也越大。这种效应已被广泛应用到与人们生产、生活、军事、科技密切相关的许多领域，以实现力——电转换等功能。利用压电陶瓷将外力转换成电能的特性，人们可以生产出不用火石的压电打火机、煤气灶打火开关、炮弹触发引信等。目前流行的一次性塑料打火机，有相当一部分是采用压电陶瓷器件来打火的。此外，压电陶瓷还可以作为敏感材料，应用于扩音器、电唱头等电声器件；用于压电地震仪，可以对人类不能感知的细微振动进行监测，并精确测出震源方位和强度，从而预测地震，减少损失。可以说，压电陶瓷等器件不仅广泛应用于科技领域，还颇具“平民性”。

压电打火机的电压陶瓷元件产生的瞬间电压用什么仪器可以测量呢？如果用普通指针式多用电表直流高压挡测量，我们发现每次按动点火元件的黑色塑料压杆时，由于两个电极接出的电压只能使指针略微抖动一下。什么原因呢？因为电压脉冲持续时间甚短，指针惯性较大，指针无法同步体现电压的变化做大幅偏转。

如果换用数字显示型多用电表，本以为其无指针惯性影响，应该能读出瞬间高电压来，但是，在实验中根本我们根本看不到预想的高电压读数，只能看到一些变换不定的低电压数据。由于液晶显示响应速度较慢，点火电压脉冲持续时间非常短，所以我们根本来不及显示最高瞬间电压，只能显示电压降落（较平缓阶段）过程中的某些随机电压读数。

在实验测量中，我们还可以采用示波器试试。此时只需使用实验室中最普通的学生示波器，连接线为两条普通的带鳄鱼夹的导线。从理论上讲，示波器是利用电子束偏转后打在荧光屏上显示光点移动的，电子束惯性极小，应该能“跟踪”上点火高压脉冲的变化，这时实验结果却非常理想。

2. 压电效应的特点

某些电介质在沿一定方向上受到外力的作用而变形时，其内部会产生极化现象，同时在它的两个相对表面上出现正负相反的电荷。当外力去掉后，它又会恢复到不带电的状态，这种现象称为正压电效应。当作用力的方向改变时，电荷的极性也随之改变。相反，当在电介质的极化方向上施加电场，这些电介质也会发生变形，电场去掉后，电介质的变形随之消失，这种现象称为逆压电效应，或称为电致伸缩现象。依据电介质压电效应研制的一类传感器称为为压电传感器。

3. 压电效应的发现

1880年，居里兄弟皮尔与杰克斯发现：在某一类晶体中施以压力而使其发生机械变形时，其内部会产生极化现象，即在晶体受力的两个表面上会产生等量的异性电荷；外力去掉后，晶体又重新恢复到不带电的状态。如果外力方向发生改变，则压电材料上电荷的极性也随之改变。这种现象被称为压电效应。居里兄弟又系统地研究了施压方向与电场强度间的关系，并且预测了哪一类晶体具有压电效应。经过实验发现，具有压电性能的材料有：闪锌矿、钠氯酸盐、电气石、石英、酒石酸、蔗糖、方硼石、异极矿、黄晶等。这些晶体都具有各向异性结构，而各向同性材料是不会产生压电性能的。

压电现象理论最早是李普曼（Lippmann）在研究热力学原理时发现，后来在同一年，居里兄弟做实验证明了这个理论，且建立了压电性与晶体结构的关系。

通常人们把这种机械能转换为电能的现象称为正压电效应。压电式传感器就是利用压电材料的正压电效应制成的。

相应地，若在压电材料极化的方向上施加交变电场，压电材料会产生相应的机械变形，这种现象被称为逆压电效应，或电致伸缩效应。超声波的发射装置就是利用压电材料的电致伸缩效应制成的。

如图3-35所示，当压电材质的碟片，在受到外力作用后，碟片在改变形状的同时，会产生电压。

在前面的任务二中，我们用打火机验证了压电效应。如图3-36所示，用带有鳄鱼夹的导线作为连接线连上打火机的两极，通过示波器可以很方便地跟踪观察到打火机点火时产生的高压脉冲变化。

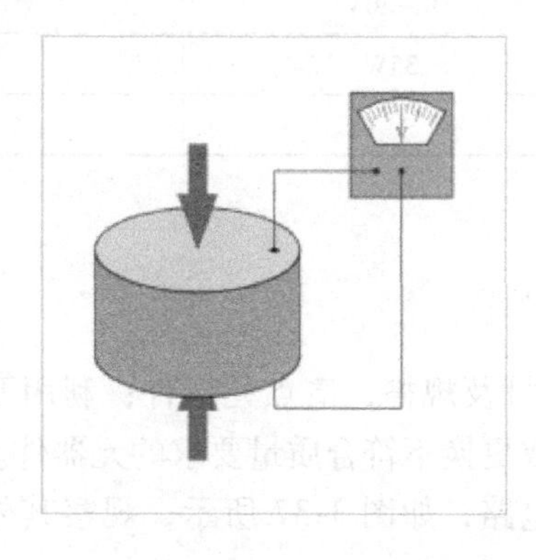

图3-35 验证压电效应示意图

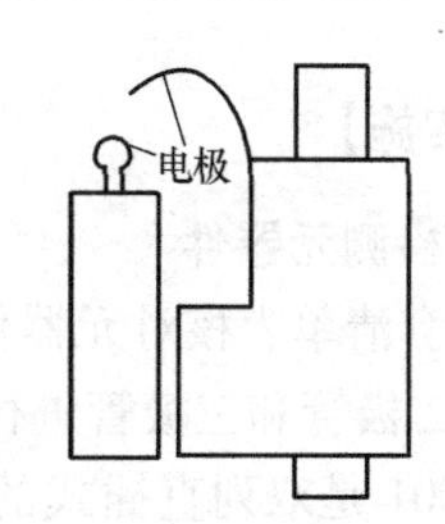

图3-36 打火机验证压电效应

任务三　制作脉搏声光显示器

【任务描述】

1. 巩固压电传感器的工作原理。
2. 进一步验证压电效应。
3. 掌握压电传感器的简单应用。

【材料准备】

本任务所需元器件、工具清单如表 3-9 所示。

表 3-9　元器件、工具清单

代　号	名　称	型　号、规　格	数　量
R_1、R_2	电阻器	2MΩ	2
R_3、R_4	电阻器	100kΩ	2
R_5	电阻器	47kΩ	1
R_6、R_7	电阻器	1kΩ	2
C_1、C_3	电容器	0.033μF	2
C_2、C_4	电解电容器	4.7μF	2
C_5	电容器	0.01μF	1
B_1	压电陶瓷片	ϕ27mm	1
S	电源开关	钮子开关，MTS—102	1
VL	发光二极管	ϕ5mm	1
VT	三极管	CS9012	1
B_2	扬声器	8Ω	1
IC	CMOS 集成电路	CD4001	1
	指针式万用表	MF—47	1
	直流稳压电源	0～30V	1
	万能电路板	35W	1
	电烙铁		1

【任务实施】

1. 识别、检测元器件

（1）按配套清单表核对元器件的数量、型号及规格，清点元器件；利用万用表对电阻器、电容器、二极管和三极管进行检测，剔除或更换不符合质量要求的元器件。

（2）CD4001 是双列直插式的 CMOS 集成电路，如图 3-37 所示，观察其外形，并熟悉管脚的功能。

2. 组装电路

（1）用比较细且柔软的屏蔽线连接压电陶瓷片 B_1，其中金属屏蔽层接 B_1 的背电极，芯

线接压电陶瓷片 B_1 的陶瓷镀银面。

（2）按照如图 3-38 所示电路，在万能电路板上插装和焊接电路。要注意元器件的布局和连线，务必排列整齐。焊接时按照焊接工艺的要求，先焊接小的、矮的元件，比如短接线、电阻、瓷片电容等，后焊接稍大、高的元件，比如电解电容、二极管、三极管、压电陶瓷片、扬声器等，最后焊接集成块（注意最好焊接集成块插座，然后把集成块插在插座上）。焊接完成后，检查各焊点是否可靠，不能出现短路、虚焊或漏焊的现象。

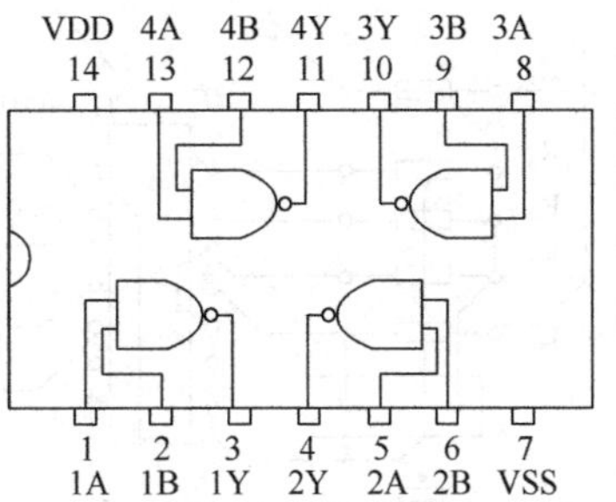

图 3-37　CD4001

（3）由于该电路相对较复杂，元件比较多，为提高电路工作的可靠性，最好将电路安装在印制电路板上，如图 3-39 所示（供参考），作品如图 3-40 所示。

3. 调试电路

1）将直流稳压电源调整到 6V，闭合开关 S，用手指轻轻按压一下传感器（压电陶瓷片 B_1），发光二极管 VL 应该随即闪亮一下，同时扬声器 B_2 发出“滴”的一声。若重复按压传感器，声、光显示也重复跟随动作，说明电路工作正常，否则就要耐心地检查电路，寻找故障。

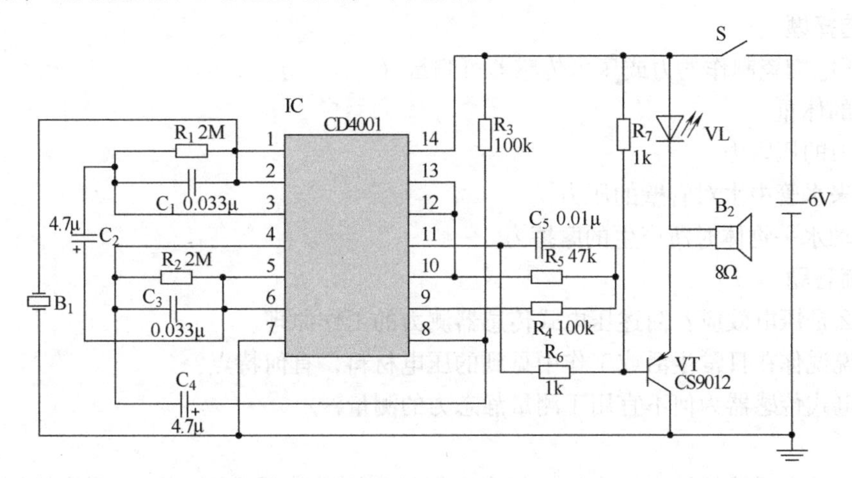

图 3-38　脉搏声光显示器电路原理图

2）电路调试正常后，把传感器的背电极面放在手腕脉搏跳动最明显处，然后用柔软的纱布或者布条将压电陶瓷片缠紧并压在手腕上，注意压力大小要合适。紧接着可以看到发光二极管 VL 点亮，扬声器发出振动的声响。

注意，压电陶瓷片的引线必须使用屏蔽线；为避免皮肤电阻对电路的影响，可用绝缘胶布把压电陶瓷片两表面都封闭起来。

任务思考

一、填空题

1. 石英晶体是一种天然的（　　）材料，采用该材料制成的传感器是一种（　　　）传感器。

2. 压电材料有（　　　）、（　　　）和（　　　）三大类。

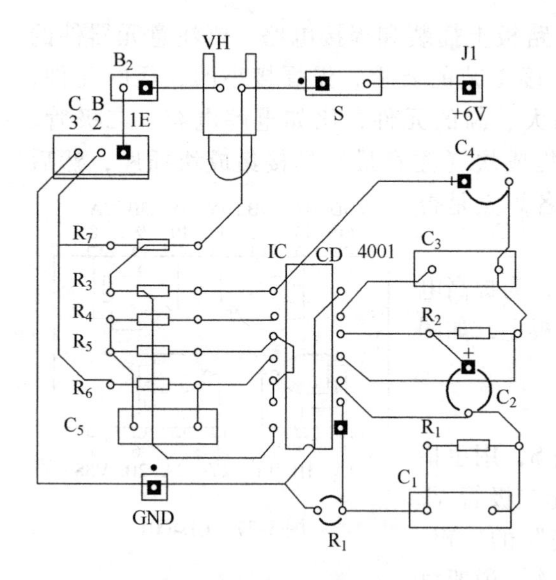

图 3-39 脉搏声光显示器印制电路板图

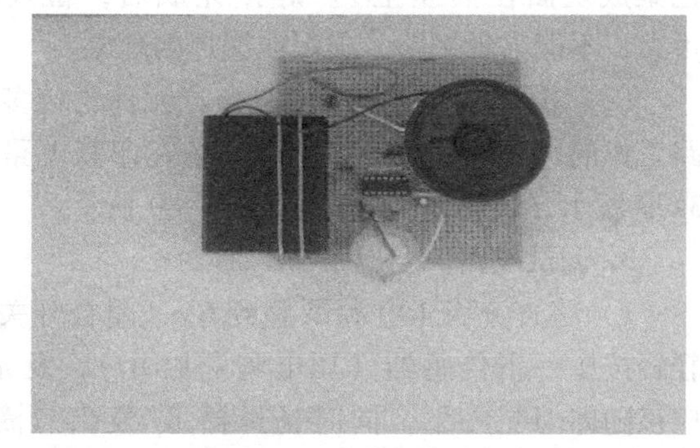

图 3-40 脉搏声光显示器作品

二、选择题

使用压电陶瓷制作的力或压力传感器可测量（　　）。

A. 人的体重

B. 车刀的压紧力

C. 自来水管中水对管壁的压力

D. 推动水平物体时所产生的摩擦力

三、简答题

1. 什么是压电效应？简述压电式传感器测力的工作原理。
2. 请说说你在日常生活或工作中见到的压电材料，有何特点？
3. 压电式传感器为何不宜用于测量静态力的测量？

注意事项

1. 本实验中元器件较多，应先将每个元器件识别准确后方可实验，严格按照操作步骤实验，注意剔除或更换不符合质量要求的元器件。

2. 实验完毕，按照“6S”要求整理现场。

任务评价

根据表 3-10，对任务完成情况作出评价。

表 3-10 实际操作评分标准

项　目		工 艺 标 准	分数比例	得分
装配	元件识别与检测	1. 正确识读色环电阻 2. 用万用表判断二极管、晶体管管脚，检测器件好坏 3. 会检测电容的好坏 4. 能正确识别集成电路	20	

（续）

项　　目		工艺标准	分数比例	得分
装配	插件	1. 电阻的插装应符合工艺要求，排列整齐，横平竖直 2. 发光二极管、晶体管、电容器立式插装，高度符合要求 3. 集成块插装贴紧电路板，整个电路焊接完毕后，再将集成电路插在集成块插座上	20	
	焊接	1. 焊点光滑、清洁，焊料适量 2. 无漏焊、虚焊、短路和溅锡现象 3. 焊接后元件引脚剪脚留头长度小于1mm	20	
	传感器连接	能用屏蔽线可靠连接传感器	10	
调试	电路调试	通电并闭合开关后，发光二极管VH和扬声器跟随脉搏跳动动作	20	
安全、文明生产		1. 安全用电，爱护工具、设备及元器件 2. 保持环境整洁，秩序井然，操作习惯良好	10	

任务四　压电式传感器的应用

【任务描述】

1. 复习巩固压电式传感器工作原理。
2. 熟悉压电式传感器在实际中的应用。

【材料准备】

准备如图3-41、图3-42所示传感器结构图和实物图，MF-47型指针式万用表一台。

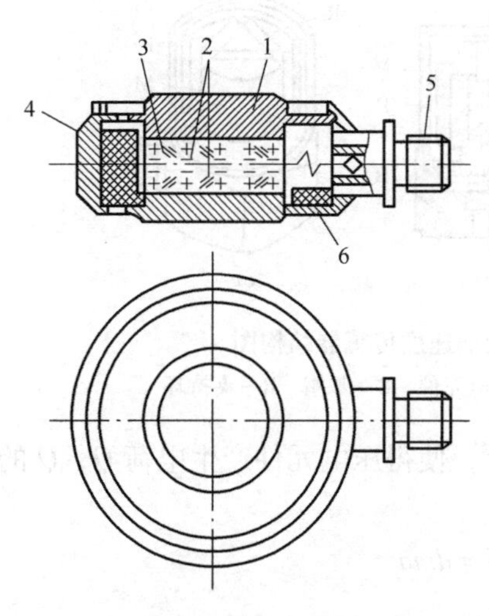

图3-41　压电式单向测力传感器结构图
1—上盖　2—石英晶片　3—电极　4—底座　5—电极引出头　6—绝缘材料

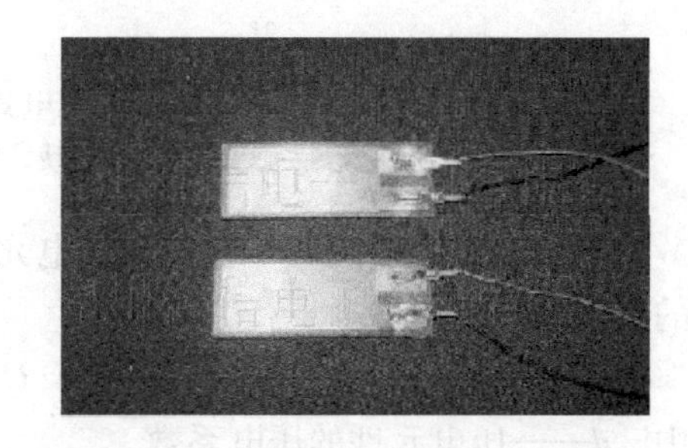

图3-42　压电薄膜振动感应片实物图

【任务实施】

1. 如图3-41所示，被测力通过传力上盖，使石英晶片受力作用而产生电荷，负电荷由电极3输出，压电晶片正电荷一侧与底座相连。两片并联可提高其灵敏度。该传感器主要用于测量变化频率不太高的动态力。将万用表正、负极分别和传感器的底座和电极3相连，测量挡拨到直流最高挡，将观察到的现象填入表3-11中：

表3-11 现象及原因

现象	
原因	

2. 如图3-42所示，采用高分子压电薄膜（简称PVDF薄膜）振动感应片，将其粘贴在玻璃上，当玻璃破碎的瞬间，会发出几千赫兹甚至更高频率的振动。压电薄膜感受到这一振动，便将这一振动转换成电压信号传送给报警系统。

这种压电薄膜振动感应片透明且较小，不易察觉，所以可用于贵重物品、展馆、博物馆等橱窗的防盗报警。

3. 如图3-43所示，压电元件P连上了电极，用于引出负电荷。该传感器主要由压电元件、质量块、弹簧基座及外壳等组成。外壳上有一个螺纹孔，使用时将传感器固定在被测部件上。一旦被测部件振动起来时，传感器则随之按同样的频率振动，压电元件则受质量块惯性力的作用，根据牛顿第二定律，有：

$$F = ma \tag{3-6}$$

式中 F——质量块产生的惯性力；

m——质量块的质量；

a——物体的加速度。

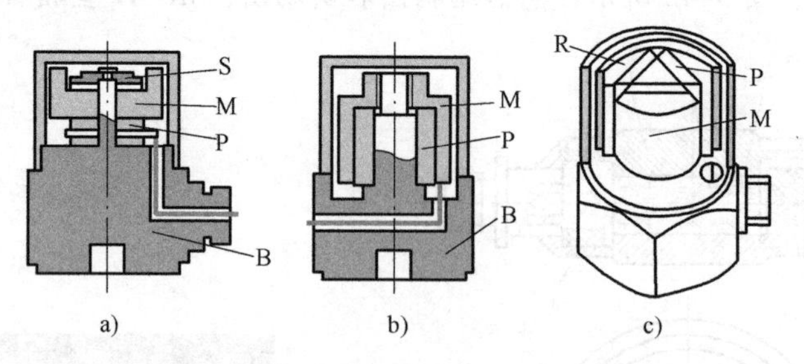

图3-43 压电式振动加速度传感器结构图

S—弹簧 M—质量块 P—压电元件 B—基座 R—夹持环

质量块产生的惯性力 F 作用在压电元件上，使得压电元件产生电荷 Q，Q 的大小与加速度的关系为

$$Q = dF = dma \tag{3-7}$$

式中 d——压电元件的压电系数。

因此，当压电元件选定后，质量 m 为常数，是定值，那么传感器的输出电荷就与被测部件的振动加速度成正比。

任务思考

1. 压电式单向测力传感器的输出信号是什么？请在图3-33中分别指出其正负电极。
2. 压电式单向测力传感器和压电式振动加速度传感器的工作原理有何异同点？
3. 你还能说说身边见过的其他压电式传感器，并叙述其原理吗？

活动评价

根据表3-12，对任务完成情况作出评价。

表3-12　实际操作评分标准

项　目		工艺标准	分数比例	得分
装配	元件识别	1. 正确识别压电传感器的每个环节并说出其作用 2. 正确识别压电薄膜振动感应片的每个环节并说出其作用 3. 正确识别压电式振动加速度传感器的每个环节并说出其作用	30	
	连接并测量	1. 正确使用万用表连上传感器 2. 正确连上档位并测量 3. 正确读出数据	30	
	传感器连接	能用屏蔽线可靠连接传感器	10	
原理	观察现象	观察现象，正确说出传感器原理	20	
安全、文明生产		1. 安全用电，爱护工具、设备及元器件 2. 保持环境整洁，秩序井然，操作习惯良好	10	

【知识学习】

1. 压电材料的应用分类

压电材料的应用大致可分为两大类：振动能和超声振动能。电能换能器的应用包括电声换能器、水声换能器和超声换能器等，以及其他传感器和驱动器应用。

换能器是将机械振动转变为电信号或在电场驱动下产生机械振动的器件。压电聚合物电声器件利用了聚合物的横向压电效应，而换能器设计则利用了聚合物压电双晶片或压电单晶片在外电场驱动下的弯曲振动，利用上述原理可生产电声器件如麦克风、立体声耳机和高频扬声器。目前对压电聚合物电声器件的研究主要集中在利用压电聚合物的特点，研制运用其他现行技术难以实现的、而且具有特殊电声功能的器件，如抗噪声电话、宽带超声信号发射系统等。

压电聚合物水声换能器在其研究初期用于军事方面，如在水下进行大面积的探测和监视等，随后其应用领域逐渐拓展到声波测试设备和地球物理探测等方面。为满足特定要求而开发的各种原型水声器件，采用了不同类型和形状的压电聚合物材料，如薄片、薄板、叠片、圆筒和同轴线等，以充分发挥压电聚合物高弹性、低密度并可用于大、小不同截面的元件、而且声阻抗与水数量级相同等特点，还有，压电聚合物制备的水听器可以放置在被测声场中，感知声场内的声压，且不致由于其自身的存在使被测声场受到扰动。

压电聚合物换能器在生物医学传感器领域，尤其是超声成像中，如图3-44所示，获得了最成功的应用、PVDF薄膜优异的柔韧性和成型性，使其易于应用到许多传感器产品中。

图3-44 超声波传感器

2. 压电材料

自然界中，大多数晶体都具有压电效应，但都十分微弱。随着对材料的深入研究，人们逐渐发现了一些性能优良的压电材料，主要有三类：压电晶体、压电陶瓷和有机高分子压电材料。

（1）压电晶体

常见的压电晶体有石英晶体、酒石酸钠钾、铌酸锂、磷酸二氢钾等。

石英晶体是单晶体结构，如图3-45所示，天然的压电材料，就是在这种晶体中被发现的。除了天然石英晶体外，目前大量使用的是成本较低的人造石英晶体。天然和人造石英晶体的物理和化学性质几乎没多大区别，有很高的机械强度和稳定的力学性能，温度稳定性相当好。石英晶体一般都作为标准传感器或高精度传感器中的压电元件，但其灵敏度很低，介电常数比较小，价格比压电陶瓷昂贵，所以逐渐被其他的压电材料所取代。

图3-45 压电石英晶体材料

酒石酸钾钠是水溶性压电晶体，具有很高的压电灵敏度和介电常数，但容易受潮，机械强度也较低，只适用于室温和湿度比较低的环境中。

铌酸锂是一种透明的单晶体，具有良好的压电性能和时间稳定性，主要应用在高温环境中。

（2）压电陶瓷

压电陶瓷是人工制造的一种多晶压电体，它能将机械能和电能互相转换，应用极广。原始的压电陶瓷是非压电体，为了使压电陶瓷具有压电效应，必须进行极化处理。所谓极化处理就是在一定的温度条件下，对压电陶瓷施加强电场，使极性轴转动到接近电场方向，规则排列，如图3-46所示。

经过极化处理后，压电陶瓷就具有了压电性，在极化电场去除后，留下来很强的剩余极化强度。当压电陶瓷受到力的作用时，极化强度就发生变化，在垂直于极化方向的平面上就会出现电荷。

最早使用的压电陶瓷材料是钛酸钡，它的压电常数是石英晶体的50倍，工作温度较低，最高只有70℃，机械强度不如石英晶体。用压电陶瓷制作的压电式传感器的灵敏度较高，但是其压电特性较弱。

压电陶瓷广泛应用于工业、医学及人们日常生活中。例如，在工业上，地质探测仪里有压电陶瓷元件，人们使用它可以判断地层的地质状况，查明地下矿藏。再如，现在国外生产的电视机大都采用压电陶瓷变压器，它体积小、重量轻，效率可达60%～80%，能耐3万伏的高压，使电压保持稳定，避免了电视图像模糊或变形。一只15英寸的显像管，使用75毫米长的压电陶瓷变压器就行了。这样做可使电视机体积变小、重量减轻。

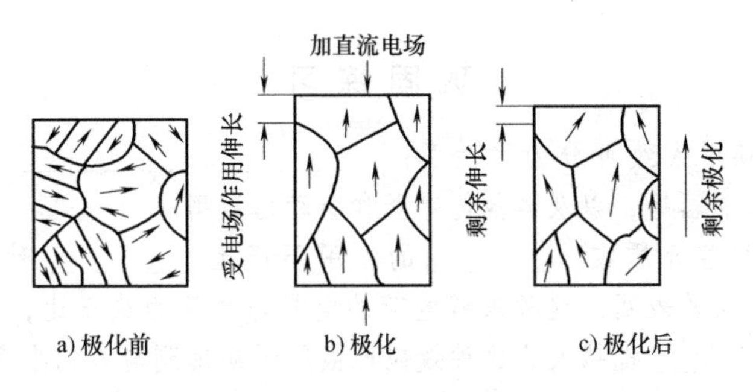

图 3-46　压电陶瓷的极化

在医学上，医生将压电陶瓷探头放在人体的检查部位，通电后发出超声波，传到人体碰到人体的组织后产生回波，然后把这回波接收下来，显示在荧光屏上，医生便能了解人体内部状况。

压电陶瓷及元件如图 3-47 所示，也广泛应用于日常生活中。用两个直径 3mm、高 5mm 的压电陶瓷柱取代普通的火石制成的气体电子打火机，可连续打火几万次。利用同一原理制成的电子点火枪是点燃煤气炉极好的用具。还有，比如在玩具小狗的肚子中安装压电陶瓷制作的蜂鸣器，玩具会发出逼真有趣的声音。

可以说，压电陶瓷虽然是新材料，却颇具平民性。它用于高科技，但更多的是在生活中为人们服务，创造美好的生活。

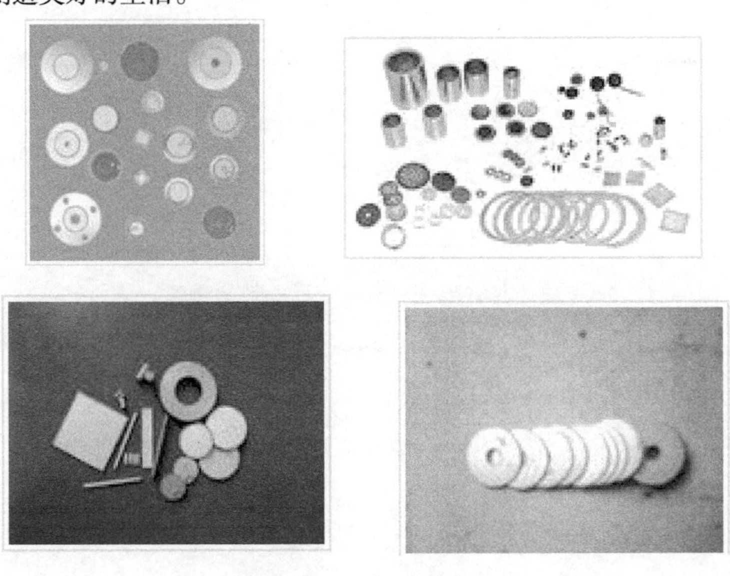

图 3-47　各类压电陶瓷及元件

（3）有机高分子压电材料

有机高分子压电材料是一种新型的材料，又称压电聚合物，具有质轻柔软、低密度、低阻抗、耐冲击、压电灵敏度高等优点，且发展十分迅速，主要有聚偏二氟乙烯（PVF2）、聚偏氟乙烯（PVDF）、改性聚氟乙烯（PVC）等。由于它柔软，不易破碎，防水，在压力传感、引燃引爆、水声、防盗、医学、振动等领域得到广泛应用，也用于制作机器人的触觉传感器。

巩固练习

1. 压电材料的应用大致可分为两大类：__________、__________，包括电声换能器，水声换能器和超声换能器等，以及其他传感器和驱动器应用。

2. 压电效应是某些介质在__________的作用下产生__________时，在介质表面出现__________的现象。实验表明，这种束缚电荷的电量与作用力成正比，而__________越多，相对应的两表面__________也越大。这种效应已被广泛应用到与人们生产、生活、军事、科技密切相关的许多领域，以实现__________等功能。

3. 换能器是将__________转变为__________或__________的器件。

模块四　光电传感器

模块学习目标

1. 掌握光电效应及光生伏特效应的概念。
2. 了解常见的光电式传感器。
3. 能对常见的光电传感器进行检测。

光电式传感器采用光电器件作为检测元件，它先把被测参数的变化转变为光信号的变化，再通过光电元件将光信号转变为电信号。光电传感器中的重要部件是光电元件，它是基于光电效应进行工作的。

这种类型的传感器可以测量很多非电量，并且结构简单、具有非接触性、精度高、反应快等优点，在传感器技术中得到了广泛的应用。

任务一　认识光电传感器

【任务描述】

通过观察各种类型光电元件，了解光电传感器的类型和结构。

【材料准备】

常见的光电元件有光敏电阻、光敏二极管、槽型光耦、光电池、光电管、光电倍增管等，如图4-1所示；光电传感器按光的传输路径分类主要有反射式、对射式、槽型一体式等类型，如图4-2所示。

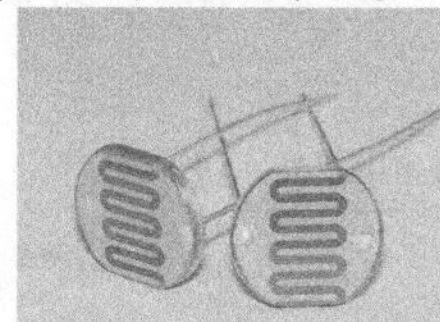

a) 光敏电阻

b) 光敏二极管

c) 槽型光耦

d) 光电池

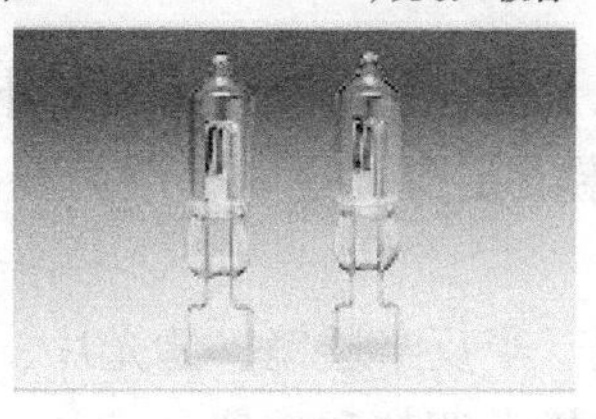

e) 光电管

f) 光电倍增管

图4-1　常见的光电元件

a) 反射式

b) 对射式

c) 槽型一体式

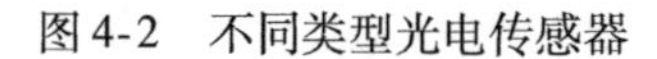

图 4-2　不同类型光电传感器

【知识学习】

1. 光电效应和光电元件类型

光电效应是指当光照射到物体时，物体受到具有能量的光子轰击，使物体材料中的电子吸收光子的能量而发生相应的电效应，如电导率发生变化、发射电子或产生电动势的现象。光电效应通常分为外光电效应、内光电效应和光生伏特效应。

外光电效应：在光线作用下，电子逸出物体表面的现象。基于外光电效应的光电元件有光电管和光电倍增管等。

内光电效应：在光线作用下，使物体的电阻率发生变化的现象。基于内光电效应的光电元件有光敏电阻、光敏二极管、光敏三极管、光敏晶闸管等。

光生伏特效应：在光线作用下，使物体产生一定方向电动势的现象。基于光生伏特效应的光电元件有光电池。

2. 光电传感器结构

光电式传感器是以光为媒介，以光电效应为基础的传感器。其基本结构如图 4-3 所示，是由光源、光学器件和光电元件组成光路系统，结合相应的测量转换电路而构成。光源产生光通量，光通量的参数受被测量控制形成光信号，光信号由光电元件接收转变成电信号，经过测量电路处理成为可用电信号输出。由此可见，光电传感器由光路和电路两大部分组成。光路部分实现光信号参量受被测量控制或调制，电路部分完成光电转换，并使被测信号成为可用信号输出。

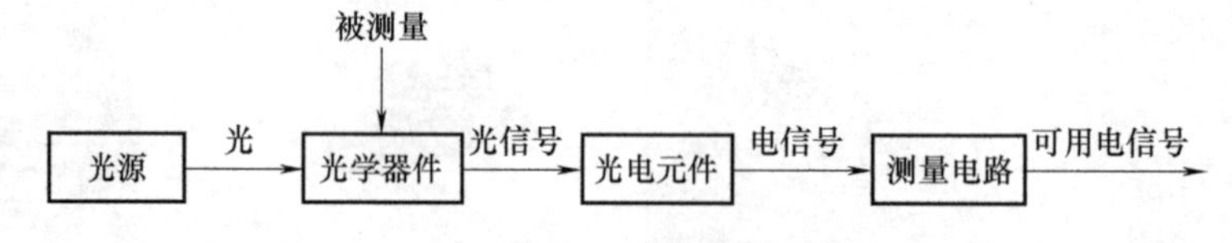

图 4-3　光电传感器基本结构

光源有各种白炽灯、发光二极管、激光器，以及能发射可见光谱、紫外线光谱和红外线光谱的其他器件。此外还可以采用 X 射线及同位素发射源，这时一般需要把辐射能变成可见光谱的转换器。

光路系统中常用光学器件有各种反射镜、透镜、半反半透镜、滤光片、棱镜、光通量调节器、光栅及光导纤维等。主要是对光参数进行选择、调整和处理。

光电转换的光电元件有光电管、光电倍增管、光敏电阻、光电池、光电二极管及光电三极管。作用是检测照射在其上的光信号。选用何种类型的元件决定于被测参数、所需的灵敏度、反应速度、光源的特性及测量环境和条件等。

测量电路通常由放大电路、滤波电路、检波电路等构成，因为大多数情况下，光电器件输出信号较小，需设置放大器。对于物理量变化缓慢的被测对象，在光路中采用光调制，因而放大器中有时包含检波及其他运算电路，对信号进行必要的加工和处理。

任务二　测试光敏电阻

【任务描述】

通过测试光敏电阻的亮电阻和暗电阻来掌握光敏电阻的应用原理。

【材料准备】

GL5626L 型光敏电阻若干、万用表、鳄鱼夹。

【任务实施】

1. 将指针式万用表置于 R×10k 挡。
2. 用鳄鱼夹代替表笔分别夹住光敏电阻的两根引脚。
3. 用一只手反复遮住光敏电阻的受光面、然后移开。
4. 观察万用表指针在光敏电阻的受光面被遮住前后的变化情况。若指针偏转明显，说明光敏电阻性能良好；若指针偏转不明显，则将光敏电阻的受光面靠近电灯，以增加光照强度，同时再观察万用表指针变化情况，如果指针偏转明显，则光敏电阻灵敏度较低；如果指针无明显偏转，则说明光敏电阻已失效。
5. 填写实践报告表 4-1。

表 4-1　实践报告

序号	质量好坏	亮阻	暗阻
1			
2			
3			
4			

【知识学习】

光敏电阻的制作原理

光敏电阻是一种利用光敏感材料的内光电效应制成的光电元件，具有精度高、体积小性能稳定、价格低等特点，被广泛应用于自动化传感技术中，作为开关式光电信号传感元件。

构成光敏电阻的材料有金属的硫化物、硒化物等半导体材料，目前常用的可见光光敏电阻主要采用硫化物，为了提高其灵敏度，在硫化镉中掺入铜、银等物质。光敏电阻的工作原理简单，它是由一块两边带有金属电极的光电半导体组成的，电极和半导体之间呈欧姆接触，使用时在它的两极上施加直流或交流工作电压，在无光照射时，光敏电阻呈高阻态，回路中仅有微弱的暗电流通过；在有光照射时，光敏材料吸收光能，使电阻率变小，光敏电阻呈低阻态，回路中有较强的亮电流，光照越强，阻值越小，亮电流越大，当光照停止时，光敏电阻又恢复到高阻态。

选用光敏电阻时，应根据实际应用电路的需要来选择合适的光敏电阻。通常选择暗阻大的，暗阻与亮阻相差越大越好。

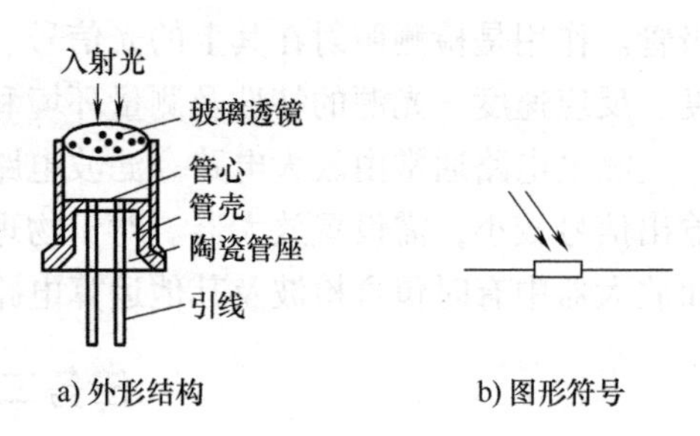

图 4-4　光敏电阻外形结构及图形符号

光敏电阻外形结构及图形符号如图 4-4 所示。

任务三　测试光敏二极管、光敏晶体管

【任务描述】

测试光敏二极管、光敏晶体管特性，掌握其工作原理。

【材料准备】

光敏二极管、光敏晶体管若干、黑纸板或黑布、万用表。

【任务实施】

1. 测量光敏二极管

1）将光敏二极管放在白炽灯下，让光源对准光敏二极管的光电信号接收窗口，用万用表 R×1K 挡对光敏二极管的正、反向电阻进行测量，并记录。

2）用黑纸板或黑布盖住光敏二极管的光信号接收窗口，用万用表 R×1k 挡再次对光敏二极管的正、反向电阻进行测量，并记录。

3）填写表 4-2。

表 4-2　测量结果

项　目	（光敏二极管）电阻 R/Ω	
	正向	反向
光照		
无光照		

2. 测量光敏晶体管

1）将光敏晶体管放在白炽灯下，让光源对准光敏晶体管的光电信号接收窗口，用万用表 R×1k 挡对光敏晶体管的 C、E 极的电阻进行测量，红表笔接 E 极，黑表笔接 C 极，并记录。

2）用黑纸板或黑布盖住光敏晶体管的光信号接收窗口，用万用表 R×1k 挡再次对光敏晶体管的 C、E 极的电阻进行测量，红表笔接 E 极，黑表笔接 C 极，并记录。

3）填写表4-3。

表4-3　测量结果

项　目	（光敏晶体管）电阻 R/Ω	
	正向	反向
光照		
无光照		

【知识学习】

光敏二极管、光敏晶体管的结构原理

1. 光敏二极管

光敏二极管也叫光电二极管。光敏二极管与半导体二极管在结构上是类似的，其管芯是一个具有光敏特征的PN结，具有单向导电性，因此工作时需加上反向电压。无光照时，有很小的饱和反向漏电流，即暗电流，此时光敏二极管截止。当受到光照时，饱和反向漏电流大大增加，形成光电流，它随入射光强度的变化而变化。当光线照射PN结时，可以使PN结中产生电子—空穴对，使少数载流子的密度增加。这些载流子在反向电压下漂移，使反向电流增加。因此可以利用光照强弱来改变电路中的电流。图形符号与结构如图4-5所示。

光敏二极管具有两种工作状态：

（1）当光敏二极管加上反向电压时，管子中的反向电流随着光照强度的改变而改变，光照强度越大，反向电流越大，大多数都工作在这种状态。

（2）光敏二极管上不加电压，利用P-N结在受光照时产生正向电压的原理，把它用作微型光电池。这种工作状态，一般用作光电检测器。

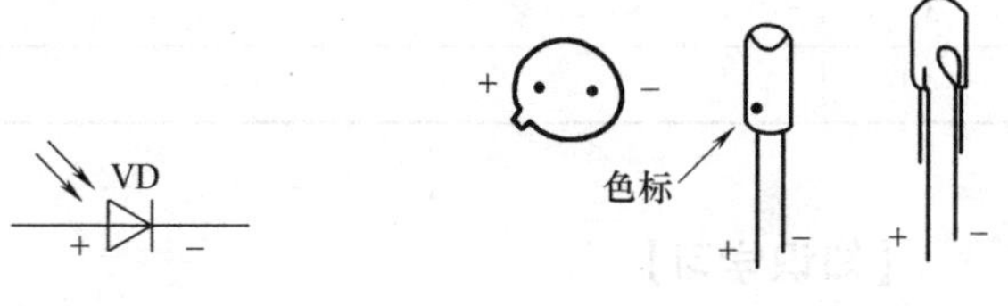

图4-5　光敏二极管图形符号与结构

2. 光敏晶体管

光敏晶体管和普通晶体管相似，也有电流放大作用，只是它的集电极电流不只是受基极电路和电流控制，同时也受光辐射的控制。通常基极不引出，但一些光敏晶体管的基极有引出，用于温度补偿和附加控制等作用。当具有光敏特性的PN结受到光辐射时，形成光电流，由此产生的光生电流由基极进入发射极，从而在集电极回路中得到一个放大了相当于β倍的信号电流。不同材料制成的光敏晶体管具有不同的光谱特性，与光敏二极管相比，具有很大的光电流放大作用，即很高的灵敏度。光敏晶体管图形符号如图4-6所示。

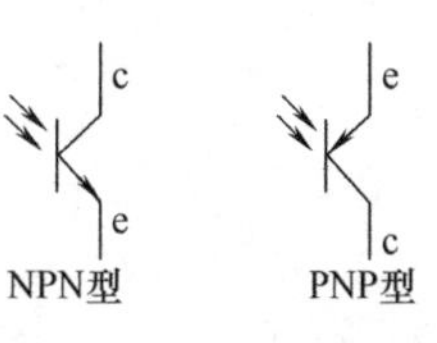

图4-6　光敏晶体管图形符号

在红外线遥控器中，经常用到光敏二极管（也称光电二极管）和光敏晶体管（也称光电三极管），这类管子能把接收到的光的变化变成电流的变化，经过放大信号处理，用于各种控制目的。它们除了用于红外遥控器外，还在光纤通信、光纤传感器、工业测量与自动控

制、火灾报警传感器、条形码读出器、光电转换、考卷自动评阅机等方面得到广泛的应用。

任务四　光电池测试

【任务描述】

测试光电池的特性，掌握其应用原理。

【材料准备】

光电池、万用表、电源。

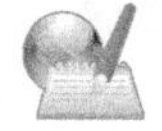

【任务实施】

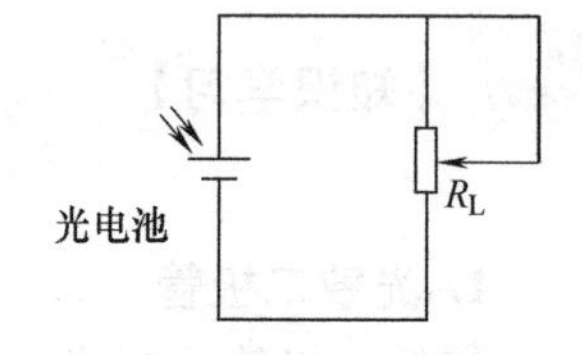

图 4-7　光电池测试电路

1. 按图 4-7 连接测试电路。
2. 由大到小调节 R_L 的值，用万用表测量电路中的电流。
3. 测量并将结果填入表 4-4 中。

表 4-4　测量结果

序号	R_L 值	测量电流大小
1		
2		
3		
4		

【知识学习】

光电池的构成原理

光电池较早运用在太空技术中，还运用在太阳能光伏电站，推崇节能的“屋顶计划”，太阳能路灯等方面。光电池的应用如图 4-8 所示。

a) 卫星

b) 太阳能光伏电站

c) 屋顶计划

d) 太阳能路灯

图 4-8　光电池的应用

光电转换器件主要是利用物质的光电效应，即当物质在一定频率的照射下，释放出光电子的现象。当光照射、金属氧化物或半导体材料的表面时，会被这些材料内的电子所吸收，如果光子的能量足够大，吸收光子后的电子可挣脱原子的束缚而溢出材料表面，这种电子称为光电子，这种现象称为光电子发射，又称为外光电效应。有些物质受到光照射时，其内部原子释放电子，但电子仍留在物体内部，使物体的导电性增强，这种现象称为内光电效应。光电二极管是典型的光电效应探测器，具有量子噪声低、响应快、使用方便等优点，广泛用于激光探测器。外加反偏电压与结内电场方向一致，当 PN 结及其附近被光照射时，就会产生载流子（即电子-空穴对）。结区内的电子-空穴对在势垒区电场的作用下，电子被拉向 N 区，空穴被拉向 P 区而形成光电流。同时势垒区一侧一个扩展长度内的光生载流子先向势垒区扩散，然后在势垒区电场的作用下也参与导电。当入射光强度变化时，光生载流子的浓度及通过外回路的光电流也随之发生相应的变化。这种变化在入射光强度很大的动态范围内仍能保持线性关系。

硅光电池是一个大面积的光敏二极管，它被设计用于把入射到它表面的光能转化为电能，因此，可用作光电探测器和光电池，被广泛用于太空和野外便携式仪器等的能源。光电池的基本结构如图 4-9 所示。

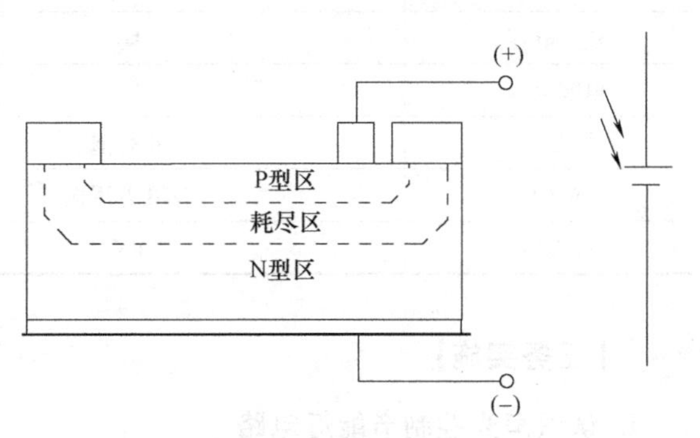

图 4-9　光电池的基本结构

任务五　制作声光控制节能灯

【任务描述】

通过声光控制节能灯的制作，加强对光敏电阻的学习。

【材料准备】

训练材料清单，如表 4-5 所示。

表 4-5　材料清单表

代　号	名　称	规格型号	数　量
集成电路	IC	CD4011	1
单向晶闸管	VT_1	BT151	1
晶体管	VT_2	9014	1
二极管	$VD_1 \sim VD_4$	IN4007	4
稳压二极管	VS	IN4733A	1
二极管	VD_5、VD_6	IN4148	2
电阻器	R_1	200Ω	1
电阻器	R_2	10kΩ	1
电阻器	R_3	270kΩ	1
电阻器	R_4	33kΩ	1
电阻器	R_5	100kΩ	1

（续）

代　号	名　称	规格型号	数　量
电阻器	R_6	10MΩ	1
电阻器	R_7	470Ω	1
光敏电阻	R_G	GL5626D	1
电位器	RP_1	22 kΩ	1
电位器	RP_2	1MΩ	1
电位器	RP_3	100kΩ	1
电解电容	C_1	220μF	1
瓷片电容	C_2	10μF	1
电解电容	C_3	0.1μF	1
L	小灯泡	10W/15V	1
WYB	穿孔万用板		1
驻极体	BM	CZN-15EN	1

【任务实施】

1. 认识声光控制节能灯电路

声光控制节能灯电路是利用声音和光线作为控制点的新型智能控制开关，它不需要人工开灯，且具有自动延时熄灭的功能，更加节能。无机械触点、无火花、寿命长，广泛应用于各种建筑的楼道等公共场所。

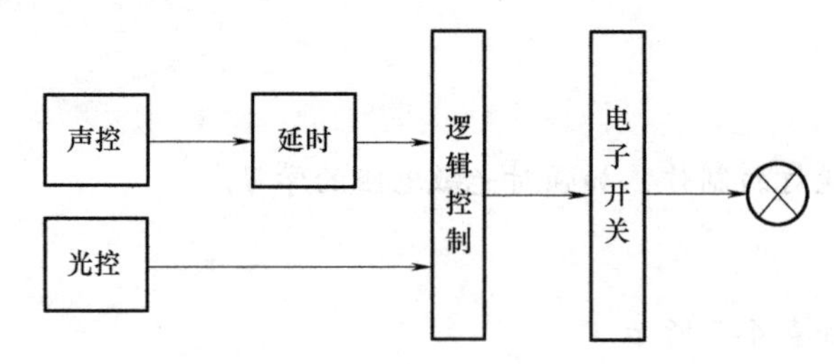

图 4-10　声光控制节能灯电路组成框图

如图 4-10 所示为电路的组成框图。在电路中，首先光敏电阻的阻值和驻极体话筒是否有信号输入会影响具有逻辑控制功能的 CD4011 的工作情况，然后根据 CD4011 的工作情况决定是否触发单向晶闸管 VT_1 的导通，如果单向晶闸管 VT_1 受到触发导通，灯泡 HL 亮。其中电阻 R_6 和电容 C_2 起到延时作用，它们的参数决定了灯亮的时间长短。电路原理图如图 4-11 所示。

2. 电路装配

（1）装配流程

清点并检测制作电路所需的元器件→合理设计元器件在 PCB 板上的排布，正确插装并焊接元器件，完成电路的制作→电路调试

（2）装配步骤及工艺要求

1）元器件检测。

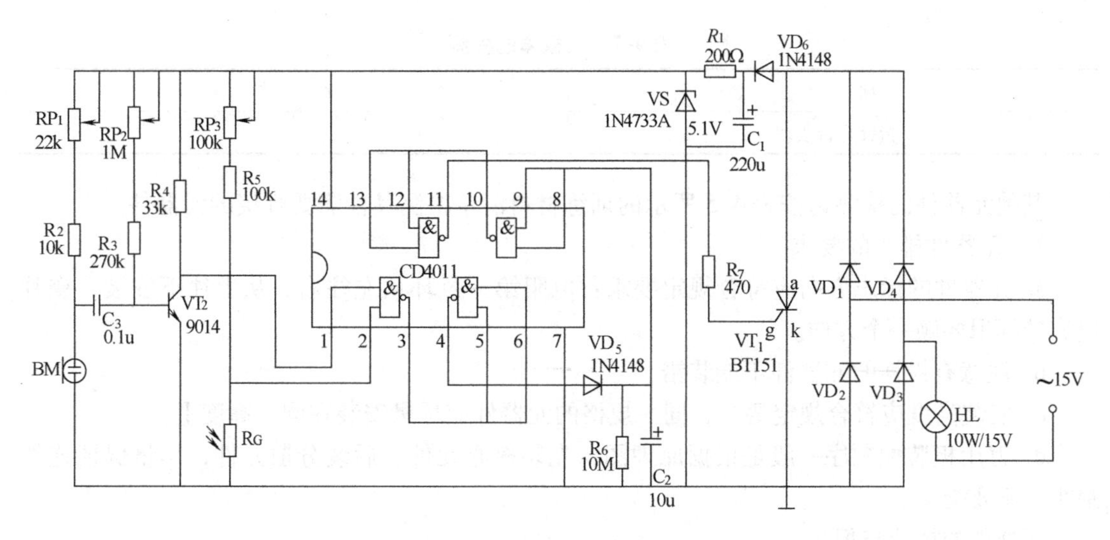

图 4-11　声光控制节能路灯电路原理图

光敏电阻的检测如图 4-12 所示，光敏电阻选用的是 GL5626L 型，若有光线照射时电阻为 5kΩ 以下，无光照时电阻值大于 5MΩ，说明该元件是好的。请按上述方法，将检测结果填入表 4-6 中。

表 4-6　光敏电阻的检测

状　　态	有 光 照 时	无 光 照 时
光敏电阻阻值/Ω		

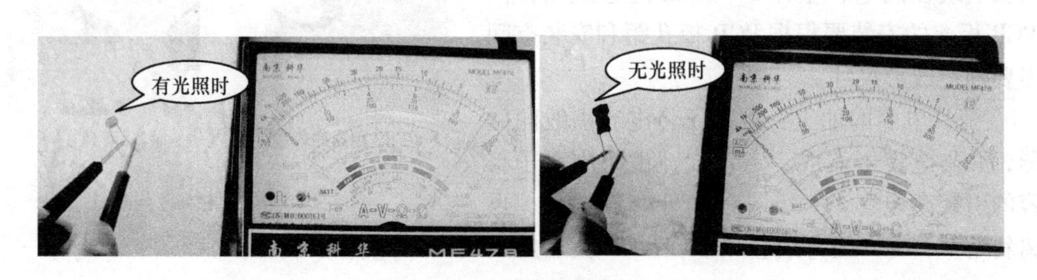

图 4-12　光敏电阻的检测

驻极体的检测如图 4-13 所示，驻极体选用收音机用的电容式驻极体，可用万用表 R × 100 挡，将红表笔接外壳的 S、黑表笔接 D，用口对着驻极体吹气，若表针摆动，说明该驻极体完好，摆动越大灵敏度越高。请按上述方法，将检测结果填入表 4-7 中。

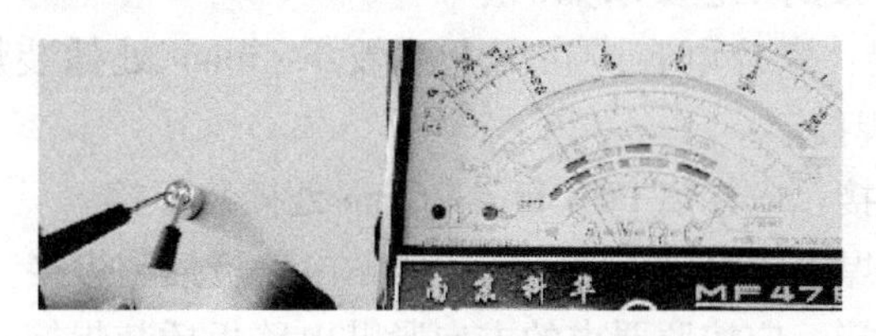

图 4-13　驻极体的检测

表 4-7　驻极体的检测

项　　目	结　　果
指针是否摆动	

其他元器件的检测请按表 4-5 所示的训练材料清单检测其他需要焊接的元器件。

2）元器件排布的要求。

a. 元器件的标志方向应符合规定要求：电阻第一色环从左往右、从上往下安装；瓷片电容的标识要顺一个方向。

b. 注意有极性的元器件不能装错。

c. 安装高度应符合规定要求，同一规格的元器件应尽量安装在同一高度上。

d. 万用板装配顺序一般是根据原理图，先装核心元件，后装分散元件，尽量保证连线最少、不要交叉。

元器件的插装与焊接

3）元器件焊前成型的工艺要求。

为保证引线成型的质量和一致性，应使用专用工具。在加工少量元器件时，可使用镊子或尖嘴钳等工具进行手工成型，如图 4-14 所示。

a. 立式电容的加工：用镊子先将电容引线沿电容主体向外弯成斜角，离电容 4 ~ 5mm 处再弯成直角，但在 PCB 板上的安装要根据 PCB 板孔距和安装空间的需要确定成型尺寸。

b. 卧式电容的加工：用镊子分别将电解电容的两根引线在离电容主体 3 ~ 5mm 处弯成角，但在 PCB 板上的安装要根据 PCB 板孔距和安装空间的需要确定成形尺寸。

c. 瓷片电容的加工：用镊子将电容引线向外整形，并与电容主体成一定角度，也可用镊子将电容的引线离电容 1 ~ 3mm 处向外弯成斜角，再在离斜角 1 ~ 3mm 处弯成直角。在 PCB 板上的安装需视 PCB 板孔距和需要确定引线的尺寸。

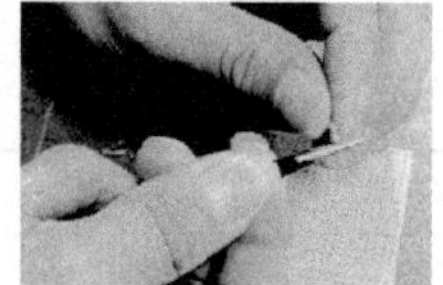

a) 焊前成型　b) 元器件插装　c) 元器件焊接

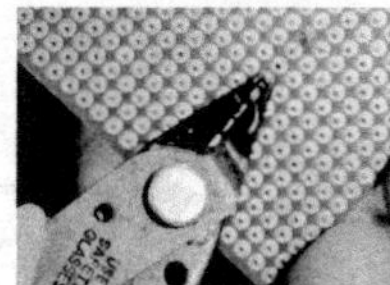

d) 剪脚

图 4-14　元器件插装与焊接

d. 晶体管引线的成型加工：小功率晶体管在 PCB 板上一般采用直插式的方式，只需用镊子将塑封管引线拉直即可，三个电极引线分别成一定角度。有时也可以根据需要将中间引线向后弯曲成一定角度，应由 PCB 板上的安装孔距来确定引线的尺寸。

4）电路的插装与焊接的工艺要求如下。

a. 电容的插装焊接：瓷片电容应在离电路板 4 ~ 6mm 处插装焊接，电解电容应在离 PCB 板 1 ~ 2mm 处插装焊接。

b. 晶体管的插装焊接：应在离 PCB 板 4 ~ 6mm 处插装焊接。

c. 集成电路的插装焊接：集成电路插座应紧贴电路板插装焊接。

d. 电位器的插装焊接：应按照要求的方向紧贴电路板插装焊接。

5）元器件剪脚。焊接完成后剪脚，如图 4-15 所示。

6）电路制作完成。

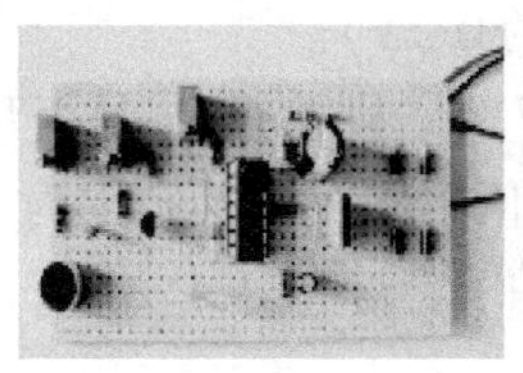

a) 正面

b) 反面

图 4-15　声光控制节能灯电路制作完成图

3. 电路测试

（1）通电试验

通电试验前应对电路进行检测，为避免电源及电路的损坏，检测电路中的 U_{CC} 与 GND 之间是否短路，再接通电源。调试时请先对光敏电阻遮光，对驻极体拍手，这时灯应亮；若用光照射光敏电阻，再对着驻极体拍手，灯不亮，表示制作成功，可进入电路测试环节。否则，先排除电路存在的故障后，再进入电路测试环节。

（2）电路测试

1）电源与灯相连并接通，如图 4-16 所示，用黑色胶带布遮住光敏电阻，对着驻极体拍手，灯亮；有光线照射光敏电阻，对着驻极体拍手，灯不亮。

2）光敏电阻在自然光线照射时，如图 4-17 用指针式万用表测试集成电路 CD4011 以下各脚的电压值；用黑色胶带布遮住光敏电阻，对着驻极体拍手，灯亮，估算灯发光持续时间，将结果填入表 4-8 中。

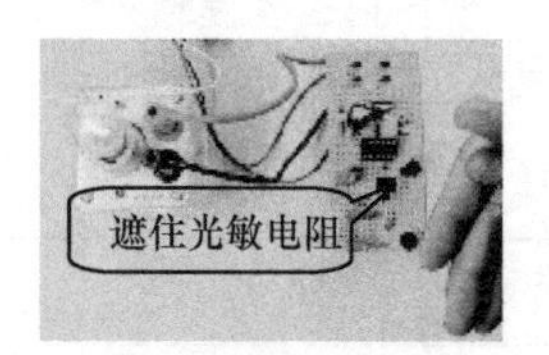

a) 遮住光敏电阻灯亮　b) 有光线照射光敏电阻灯不亮

图 4-16　电源与灯相连并接通

图 4-17　测试集成电路 CD4011 各脚的电压

表 4-8　各脚电压记录表

CD4011 各脚电压值/V							灯发光持续时间/s
第 2 脚	第 1 脚	第 3 脚	第 4 脚	第 8 脚	第 10 脚	第 11 脚	

4. 电路的简单故障及维修

接通电源灯常亮不灭可能原因：

1）检查驻极体话筒极性是否正确。

2）检查晶体管是否正常工作。

3）检测单向晶闸管是否正常工作。

用黑色胶带布遮住光敏电阻，对着驻极体拍手，灯不亮：

1）检测集成电路第 11 脚是否为高电平（约 0.7V）。

2）若集成电路第 11 脚是为高电平（约 0.7V），则检查 R_7 是否开路。

3）若 R_7 是没有开路，则可适当减小 R_7 的值，R_7 的调换范围为 -10% ~20%。

光敏电阻在自然光线照射时，对着驻极体拍手，灯亮。

1）应检查光敏电阻是否开路。

2）若光敏电阻是没有开路，则可适当增加 R_7 的值，R_7 的调换范围为 +（10 ~20）%。

任务评价

根据表 4-9，对任务完成情况做出评价。

表 4-9　任务评价

项　目		工 艺 标 准	分　值	得　分
装配	元器件识别与检测	1. 能正确识读色环电阻 2. 能检测光敏电阻 3. 能用万用表检测晶体管 4. 能用万用表检测电容器的好坏 5. 能识别集成电路的引脚循序和定义	20	
	接插元器件	1. 电阻卧式插装，贴紧万能电路板，排列要整齐，横平竖直 2. 晶体管、电容器立式插装，高度符合工艺要求 3. 集成块插座贴紧万能电路板插装，整个电路焊接完毕后，再把集成电路插在集成块插座上	20	
	焊接	1. 焊点光亮、清洁，焊料适量 2. 无漏焊、虚焊、连焊、溅焊等现象 3. 焊接后元器件引脚剪脚留头长度小于 1mm	20	
调试	电路调试	功能正常，集成块各脚电压正确	20	
"6S" 管理		1. 安全用电，不人为损坏工具、设备和元器件 2. 保持环境整洁，秩序井然，操作习惯良好	20	

知识拓展：

光电传感器的应用

光电传感器的应用非常广泛，常见的有节能灯、转速计、扫描笔等。

1. 光电转速计

光电转速计转速检测电路如图 4-18 所示，在待测转速轴上固定一个带孔的转盘，因此转轴每转一周，电路就输出一个脉冲信号，送入计数器进行计数，通过计算可以得出转速，并可以通过显示器进行显示。

2. 条形码扫描笔

商品外包装上的条形码是由黑白相间、粗细不同的线条组成的，包含了国家、厂商、商品型号、规格、价格等信息，对这些信息的检测可以通过光电扫描笔来实现。

扫描笔的结构如图4-19所示，前方为光电读入头，它由一个发光二极管和一个光敏晶体管组成。当扫描笔头在条形码上移动时，若遇到黑色线条，发光二极管发出的光线被黑线吸收，光敏晶体管接收不到反射光，呈现高阻抗，处于截止状态；当遇到白色时，发光二极管所发射出的光线被反射到光敏晶体管，光敏晶体管产生光电流而导通。整个条形码变成了一个电脉冲信号，该信号经放大、整形后便成了脉冲列，再经计算机处理后，完成对条形码信息的识读。

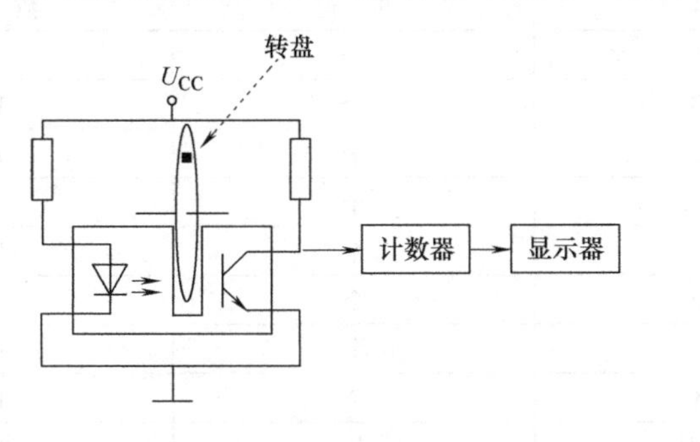

图4-18　转速检测电路

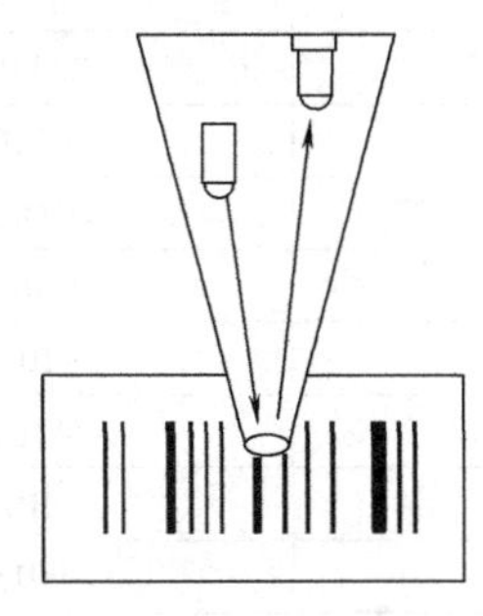

图4-19　扫描笔的结构

3. 电子迎客“鹦鹉”

电子迎客“鹦鹉”的外观、结构及电路原理图组成如图4-20所示，它巧妙地利用了环

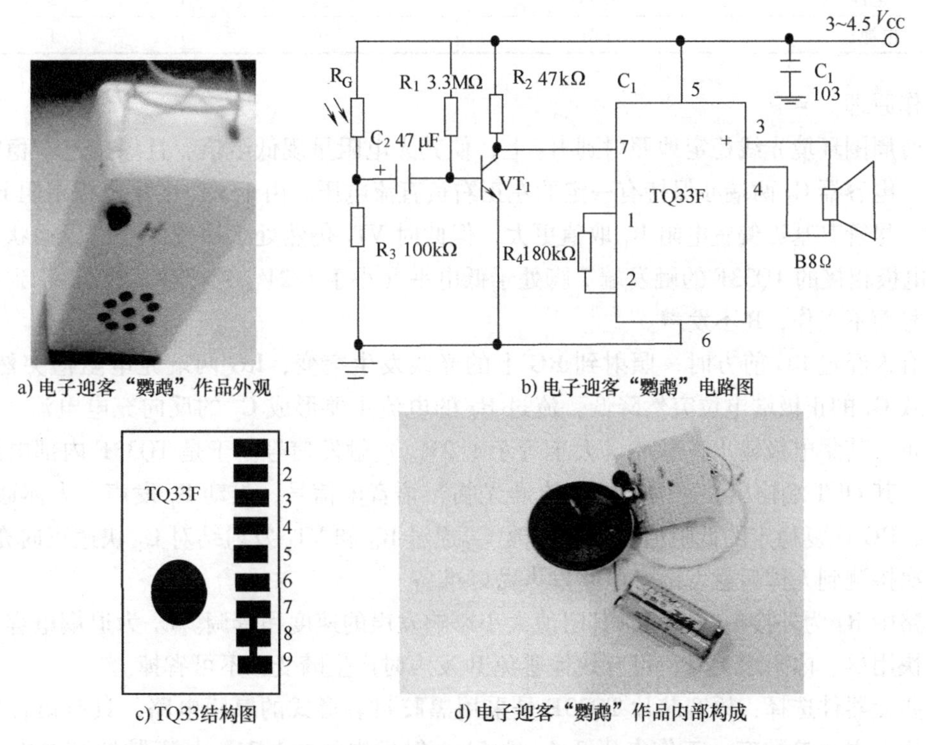

a) 电子迎客“鹦鹉”作品外观　b) 电子迎客“鹦鹉”电路图

c) TQ33结构图　d) 电子迎客“鹦鹉”作品内部构成

图4-20　电子迎客“鹦鹉”外形、结构及电路原理图

境自然光线突然变暗这一传感信号来触发电路工作。光敏电阻 R_G、晶体管 VT_1 和周围阻容元器件等构成了感光式脉冲触发电路，语音集成芯片 TQ33F 和扬声器 B 等构成了语音发生电路。

元器件清单见表 4-10。

表 4-10 元器件清单

类 型	型 号	单 位	数 量
R_1	3.3MΩ	个	1
R_2	47kΩ	个	1
R_3	100kΩ	个	1
R_4	180kΩ	个	1
C_1	103	个	1
C_2	47μF	个	1
光敏电阻	RG	个	1
VT_1	9013	个	1
语音芯片	TQ33F	片	1
黑胶皮套管		条	1
B_1	8Ω	只	1
塑料外壳	110×60×20	个	1
电池	1.5V	只	3
电池盒	3 节	个	1

工作原理。

平时周围环境光线稳定地照射到 R_G 上，使其光电阻呈现低阻值、且保持基本稳定不突然变化。电容器 C_2 两端亦保持有一定的左正右负直流电压。由于 VT_1 的集电极电阻 R_2 阻值比较大，尽管其基极偏置电阻 R_1 取值更大，但此时 VT_1 仍然处于比较深度的导通状态，与 VT_1 集电极相接的 TQ33F 的触发端 7 脚处于低电平（小于 $1/2V_{DD}$），TQ33F 因得不到正脉冲触发信号而不工作，B 不发声。

当有人经过 RG 前方时，照射到 RG 上的光线发生突变，RG 两端光电阻值突然增大，从而导致 C_2 的正极端电位突然降低，流过 R_1 的电流主要形成 C_2 的反向充电电流，使 VT_1 反偏截止，其集电极输出正脉冲（大于等于 $1/2V_{DD}$）触发信号。于是 TQ33F 内部电路受触发工作，其 OUT 端输出一遍内储的“欢迎光临”语音电信号，推动 B_1 发声。人体通过 RG 前方后，RG 恢复稳定的低阻值，供电电池 V_{CC}通过 R_G 和 VT_1 发射结对 C_1 快速正向充好电，为下一次探测到人体后触发语音电路发声做好准备。

电路中 R_4 为外接振荡电阻，其阻值大小影响发声的速度和音调。C_1 为退耦电容，在电池电能快用尽、内阻增大时，可有效地避免 B 发声时产生畸变，不可省掉。

主要元器件选择：语音芯片 TQ33F 是采用黑胶封装形式的厚膜电路，具有语音生成和放大功能，主要参数有：工作电压 2.4 ~ 5.5V；触发电压 ≥ $1/2V_{DD}$，正脉冲和高电平均有效；工作温度范围 -10 ~ +60℃。

VT_1 选用 9013 型硅 NPN 型小功率晶体管；R_G 选用塑料树脂封装普通光敏电阻器，要求其亮电阻 ≤10kΩ、暗电阻 ≥2MΩ。

巩 固 练 习

1. 光电效应有哪几种？与之对应的光电元件各有哪些？
2. 常用的半导体光电元件有哪些？它们的电路符号如何？
3. 画出每种半导体光电元件的一种测量电路？
4. 光敏电阻有哪些重要特性，在工业应用中如何发挥这些特性？

模块五　位移传感器

模块学习目标

1. 掌握位移的概念。
2. 识别常用位移，理解其检测原理。
3. 了解位移检测系统。
4. 解决简单的位移检测问题。

位移检测是指测量位移、距离、位置、尺寸、角度、角位移等几何量。位移是和物体的位置在运动过程中移动有关的量，位移的测量方式所涉及的范围是相当广泛的。本模块将主要介绍几种模拟式位移传感器：电位器式位移传感器、超声波位移传感器、霍尔传感器、液位传感器。此外根据位移传感器的信号输出形式，还有数字式传感器，如光栅、磁栅、感应同步器等可用来测量大的位移。

子模块一　电位器式位移传感器

子模块知识目标

1）熟悉电位器式位移传感器的常用参数，了解其基本使用方法。
2）理解电位器式位移传感器的基本原理。

子模块技能目标

1）掌握电位器式位移传感器的使用方法。
2）运用电位器式位移传感器测量物体位移。

在日常工作中，电位器可以说是一种常用的机电元件，广泛应用于各类电器和电子设备中。电位器式位移传感器可将机械的直线位移或角位移输入量转换为与其成一定函数关系的电阻或电压输出。它除了用于线位移和角位移测量外，还广泛应用于测量压力、加速度、液位等物理量。

任务　电位器式位移传感器测试

【任务描述】

测量直线位移式电位器的电阻值。

【材料准备】

测量范围为0~300mm的直线位移式电位器、万用表。

【任务实施】

用万用表欧姆挡测量电位器在不同位置时的电阻值，将测量数据填入表5-1中。

表5-1 测量数据

位置/mm	0	50	100	150	200	250	300
电阻/Ω							

图5-1是电位器的等效电路图，电位器转轴上的电刷将电阻体电阻R_0分为R_{12}和R_{23}两部分，输出电压为U_{12}。改变电刷的接触位置，电阻R_{12}随之改变，输出电压U_{12}也随之变化。

【知识学习】

1. 电位器的组成及特点

电位器是人们常用的一种电子元件，它由电阻体、电刷、转轴、滑动臂、焊片等组成，电阻体的两端和焊片A、C相连，因此AC端的电阻值就是电阻体的总阻值。图5-2是电位器的结构图。

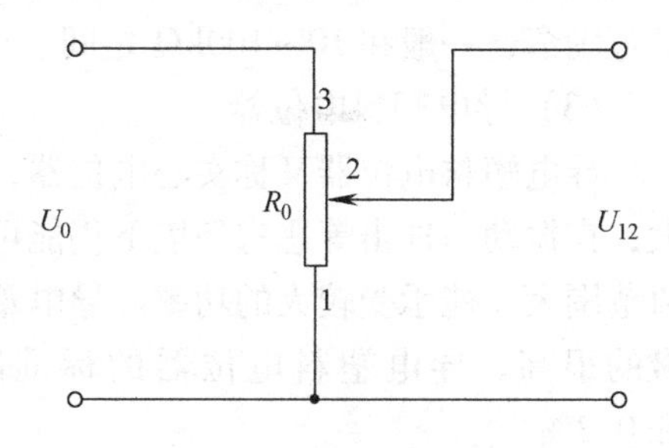

图5-1 等效电路

转轴与滑动臂相连接，在滑动臂的一端装有电刷，它靠滑动臂的弹性压在电阻体上并与之紧密接触，滑动臂的另一端与焊片B相连。

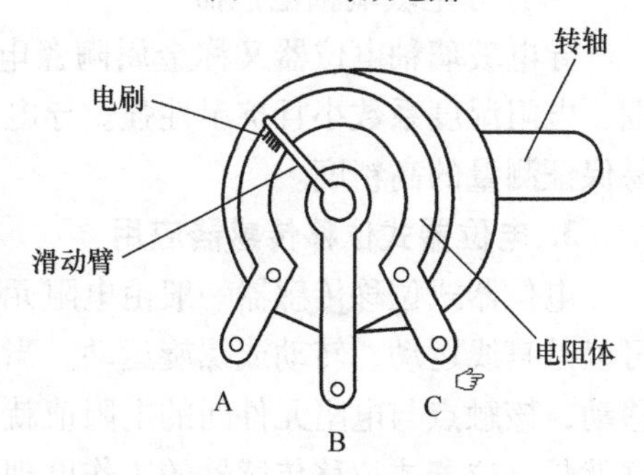

图5-2 电位器的结构图

电位器作为传感器可以将机械位移转换为电阻值的变化，从而引起输出电压的变化。电位器式传感器结构简单，体积小，质量轻，价格低廉，性能稳定，对环境条件要求不高，输出信号较大，其缺点主要是电刷与电阻元件之间易磨损、分辨力有限、动态响应较差。图5-3为常见的电位器式传感器，图5-3a为直线位移式，图5-3b为角位移式。

a)直线位移式

b)角位移式

图5-3 电位器式传感器

2. 电位器的种类

电位器种类繁多，主要有以下种类：

（1）线绕电位器

线绕电位器电阻元件由康铜丝、铂铱合金及卡玛丝等电阻丝绕制，其额定功率范围一般为0.25～50W，阻值范围为100～100kΩ之间。当接触电刷从这一匝移到另一匝时，阻值的变化呈阶梯式。

（2）非线绕电位器

1）合成膜电位器。合成膜电位器的电阻体是用具有某一电阻值的悬浮液喷涂在绝缘骨架上形成电阻膜而成的，其优点是分辨率较高，阻值范围很宽（100Ω～4.7MΩ），耐磨性较好、工艺简单、成本低、线性度好等；主要缺点是接触电阻大、功率不够大、容易吸潮、噪声较大等。

2）金属膜电位器。金属膜电位器具有无限分辨力，接触电阻很小，耐热性好，特别适合在高频条件下使用。它的噪声仅高于线绕电位器。金属膜电位器的缺点是耐磨性较差，阻值范围窄，一般在10～100kΩ之间。由于这些缺点，限制了它的使用。

（3）导电塑料电位器

导电塑料电位器又称实心电位器，耐磨性很好，使用寿命较长，允许电刷的接触压力很大，在振动、冲击等恶劣环境下仍能可靠地工作。此外，它的分辨率较高，线性度较好，阻值范围大，能承受较大的功率。导电塑料电位器的缺点是阻值易受湿度影响，故准确度不易做的很高。导电塑料电位器的标准阻值有1kΩ、2kΩ、5kΩ和10kΩ，线性度为0.1%和0.2%。

（4）导电玻璃釉电位器

导电玻璃釉电位器又称金属陶瓷电位器，它的耐高温性和耐磨性好，有较宽的阻值范围，电阻湿度系数小且抗湿性强。导电玻璃釉电位器的缺点是接触电阻变化大、噪声大、不易保证测量的高精度。

3. 电位器式位移传感器应用

电位器式位移传感器一般由电阻元件、骨架及电刷等组成。电刷相对于电阻元件的运动可以是直线运动、转动或螺旋运动。当被测量发生变化时，通过电刷触点在电阻元件上产生移动，该触点与电阻元件间的电阻值就会发生变化，即可实现位移与电阻之间的线性转换，这就是电位器式位移传感器的工作原理。电阻式传感器是一种应用较早的电参数传感器，它的种类繁多，应用十分广泛，其基本原理是将被测物理量的变化转换成与之有对应关系的电阻值的变化，再经过相应的测量电路后，反映出被测量的变化。电阻式传感器结构简单、线性和稳定性较好，与相应的测量电路可组成测力、测压、称重、测位移、测加速度、测扭矩、测温度等检测系统，已成为生产过程检测及实现生产自动化不可缺少的手段之一。

1）弹性压力计。弹性压力计信号多采用电远传方式，即把弹性元件的变形或位移转换为电信号输出。如图5-4所示为电位器式弹性压力计。

在弹性元件的自由端处安装滑线电位器，滑线电位器的滑动触点与自由端连接并随之移动，自由端的位移就转换为电位器的电信号输出。

当被测压力P增大时，弹簧钢撑直，通过齿条带动齿轮转动，从而带动电位器的电刷产生角位移。

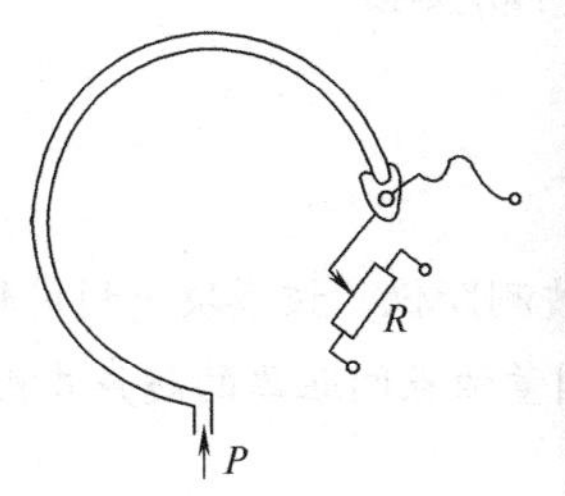

图 5-4　电位器式弹性压力计

2）摩托车汽油油位传感器。图 5-5 所示为摩托车汽油油位传感器，它由随液位升降的浮球经过曲杆带动电刷位移，将液位变化变成电阻变化。

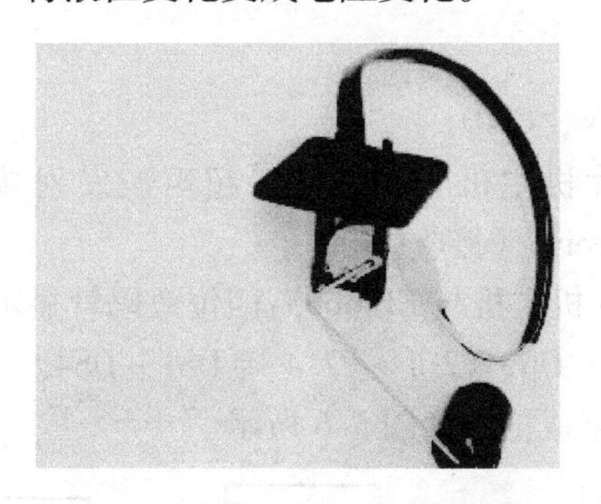

图 5-5　摩托车汽油油位传感器

子模块二　超声波位移传感器

子模块知识目标

1. 掌握超声波传感器测距的工作原理，了解超声波的物理特性。
2. 熟悉常用超声波传感器多种应用。

子模块技能目标

1. 会装配超声波测距仪。
2. 会调试超声波测距仪。

超声波是一种振动频率高于声波的机械波，许多动物都能感受并发出超声波，例如蝙蝠、海豚以及某些昆虫。超声波具有频率高、方向性好、能量集中、穿透本领大、遇到杂质或分界面产生显著的反射和折射等特点，因此在许多领域得到广泛的应用。近年来已实用的超声波传感器有超声波探伤、超声波遥控、超声波防盗窃器以及超声医疗诊断装置等。

任务　利用超声波传感器测距

【任务描述】

利用亚龙科技生产的 YL—291 模块电路，搭接超声波测距仪。该模块是利用超声波传输距离与时间的关系，采用单片机进行控制及数据处理，精确测量两点间距离的超声波测距系统。

【材料准备】

EDM001-MCS51 单片机主机、EDM111-超声波发射接收模块、EDM605-四位数码管显示模块。

【任务实施】

1. 产品模块连线

1）各模块都连接电源 5V，GND。

2）EDM001-MCS51 单片机主机与 EDM111-超声波发射接收模块接线部分：P3.0 接 transmit（发射），P3.2 接 receive（接收）。

3）EDM001-MCS51 单片机主机与 EDM605-四位数码管显示模块接线部分：单片机主机 P0.0 ~ P0.7 接四位数码管 A ~ Dp，P2.1 ~ P2.4 接 DS1 ~ DS4。

模块化超声波测距仪的组成框图如图 5-6 所示。

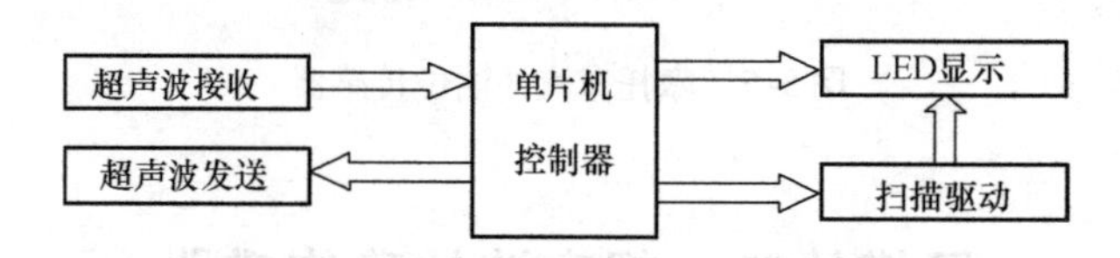

图 5-6　模块化超声波测距仪的组成框图

2. 产品调试

1）用示波器测试 EDM111-超声波发射接收模块 transmit 是否为 40kHz 的方波。

2）用手或书本遮挡在超声波探头前方，然后用示波器测试 EDM111-超声波发射接收模块 receive 端是否有很明显的脉冲形成，如果有，说明超声波接收探头有接收到超声波信号。

3）整体调试：测量范围 20 ~ 180cm，观察数码管显示变化数据是否正确。如果测量距离不足 100cm，查看超声波发射探头是否紧贴线路板，焊接时探头应与线路板有一定的间隙。

4）测试波形图如图 5-7 所示。

5）超声波测距仪产品实物图如图 5-8 所示。

【知识学习】

1. 超声波位移传感器

能够完成产生超声波和接收超声波功能的装置就是超声波传感器，也称为超声波换能器或超声波探头。检测常用的超声波频率范围为 $1\times10^4 \sim 1\times10^7$Hz。超声波位移传感器按封装方式的不同来分，分为敞开型及密封型两种；按照探头的结构不同来分，分为直探头、斜探头、双探头（一个探头反射、另一个探头接收）、表面波探头、聚焦探头、水浸探头、空气传导探头以及其他专用探头等。

超声波由换能器来产生，换能器根据工作原理可分为压电式、磁致伸缩式、电磁式几种。在实际应用中，以压电式超声波位移传感器最为常见，图 5-9 所示是几种压电式超声波传感器的转换元件。

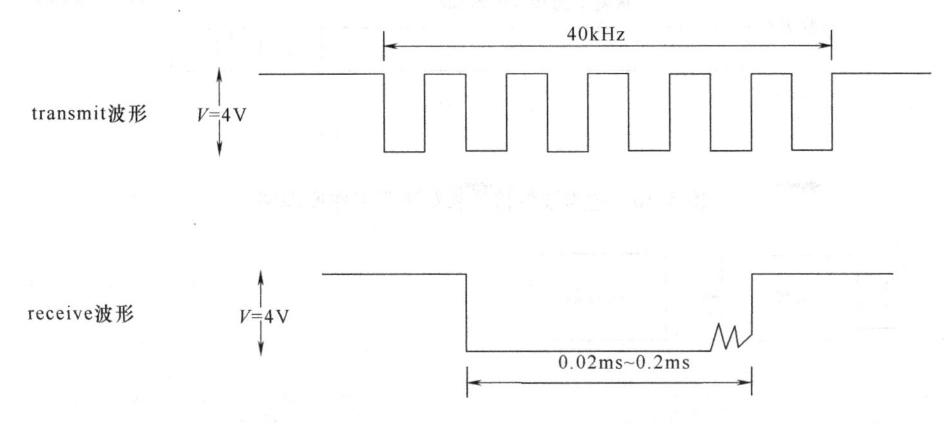

图 5-7 超声波发射及接收信号测试波形图

图 5-8 超声波测距仪实物图

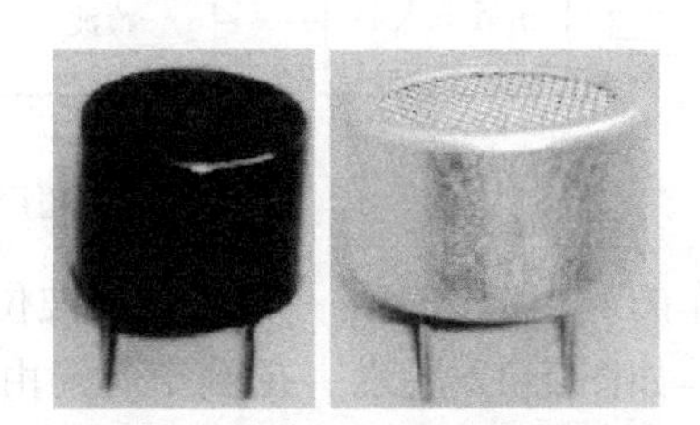

图 5-9 压电式超声波传感器的转换元件

压电式超声波传感器常采用的材料是压电晶体和压电陶瓷，它是利用压电材料的压电效应来工作的，超声波发声器内部结构有并联的两个压电晶片和一个共振板，当压电晶片的两个极外加频率等于压电晶片固有振荡频率的脉冲信号时，压电晶片将会发生共振，并带动共振板振动，产生超声波，即逆压电效应。反之，如果两电极间没有外加电压，当共振板接收到超声波时，将压迫压电晶片振动，将机械能转换为电信号，即正压电效应，这时它就成为超声波接收器了。

2. 超声波位移传感器的测距原理

超声波发射出去后，遇到物体后会被反射回来，可以测得超声波从发射到接收的时间为 t，然后利用公式 $s = vt/2$，计算出超声波发射处到物体的距离，其中 v 为超声波在空气中的传播速度（340m/s）。图 5-10 所示是超声波位移传感器测距的工作原理图。

超声波测距仪的工作原理框图如图 5-11 所示。振荡器产生振荡频率大约为 40kHz 的信号，经功放放大后加到超声波位移传感器的发射探头，发射探头发射出超声波。超声波遇到被测物体后形成反射波，被超声波的接收探头接收，接收探头再把振动波转变成电信号，送到前置放大器、检波电路处理，再经平方放大、输出处理后送到显示电路显示，完成测距任务。

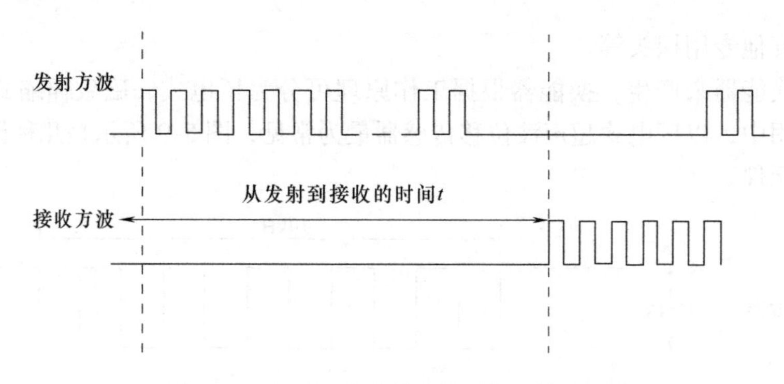

图 5-10　超声波位移传感器测距工作原理图

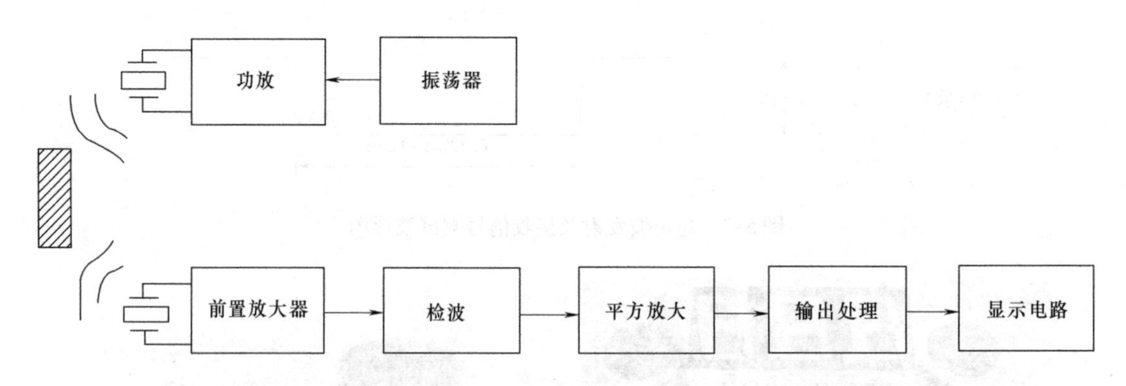

图 5-11　超声波测距仪的工作原理框图

汽车的倒车雷达就是一种由超声波位移传感器组成的测距系统，如图 5-12 所示。在倒车时，由安装在车尾部的发射探头发射超声波，超声波探测到障碍物后被反射至接收探头，测距系统迅速计算出车体与障碍物之间的实际距离，再把数据告知驾驶者，使停车和倒车更加容易、安全。

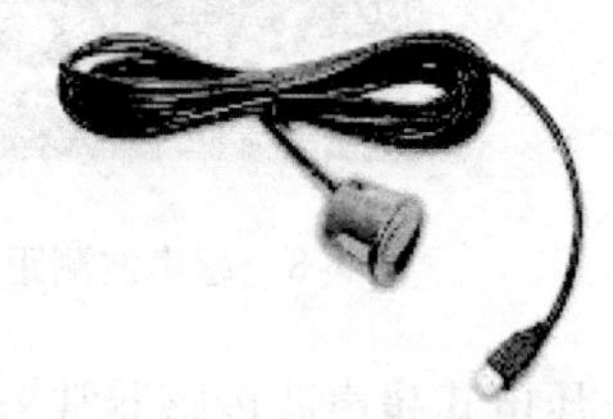

图 5-12　汽车用超声波传感器

3. 超声波传感器应用

根据超声波的传播方向，超声波传感器的应用有两种基本类型。当超声波发射器与接收器分别置于被测物两侧时，这种类型称为透射型。透射型可用于遥控器、防盗报警器、接近开关等。超声波发射器与接收器置于同侧的属于反射型，反射型可用于测距、测液位或料位、金属探伤以及测厚等。下面简要介绍超声波传感器的几种应用。

（1）超声波测厚

超声波测厚仪具有量程范围可达几米、携带方便等优点，它的缺点是测量准确度与材料的材质及温度有关。图 5-13 所示为便携式超声波测厚仪示意图，它可用于测量钢及其他金属、有机玻璃、硬塑料等材料的厚度。

（2）超声波测量液位和物位

超声波液位计原理如图 5-14 所示，在液面上方安装空气传导性超声发射器和接收器。根据超声波的往返时间就可以测出液体的液位。

为了防止液面晃动影响反射波的接收，可用直管将超声传播路径限定在某一空间内。由于空气中的声速随温度改变会造成温漂，所以在传送路径中还设置了一个反射性良好的小板作标准参照物，以便计算修正。

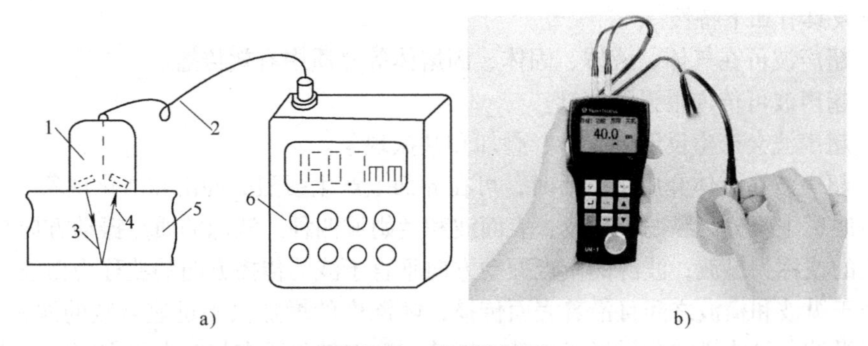

图 5-13　超声波测厚

1—双晶直探头　2—引线电缆　3—入射波　4—反射波　5—试件　6—测厚显示器设定键

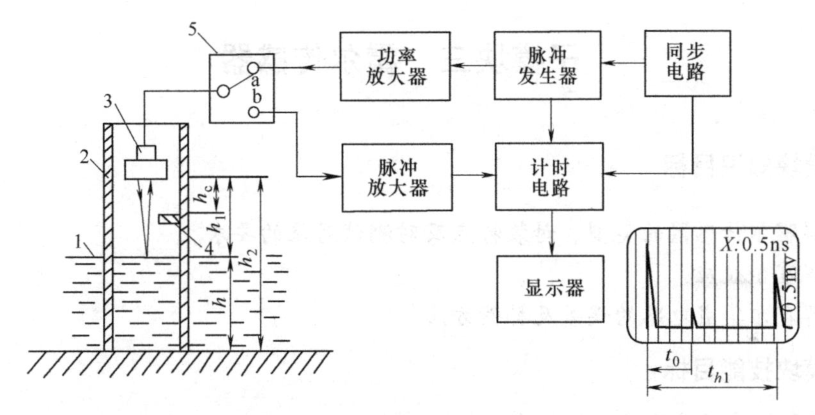

图 5-14　超声波液位计原理图

1—液面　2—直管　3—空气超声探头　4—反射小板　5—电子开关

上述方法除了可以测量液位外，也可以测量粉体和粒状体的物位。

(3) 超声波探伤

超声波探伤是目前应用十分广泛的无损探伤手段。它可以快速、便捷、精确地进行金属板材、管材、锻件和焊缝等材料内部的多种缺陷（裂纹、疏松、气孔、夹杂等）的检测、定位、评估和诊断。其工作原理是：超声波在被检测材料中传播时，材料的声学特性和内部组织的变化对超声波的传播产生一定的影响，通过对超声波受影响程度和状况的探测，就可以了解材料性能和结构的变化。

知识拓展：

超声波的物理基础

科学家们将每秒钟振动的次数称为声音的频率，它的单位是 Hz。我们人类耳朵能听到的声波频率为 20～20000Hz。当声波的振动频率大于 20000Hz 或小于 20Hz 时，我们便听不见了。因此，我们把频率高于 20000Hz 的声波称为“超声波”。超声和可闻声本质上是一致的，它们的共同点都是一种机械振动模式，通常以纵波的方式在弹性介质内会传播，是一种能量的传播形式，其不同点是超声波频率高，波长短，在一定距离内沿直线传播具有良好的束射性和方向性。超声波是声波大家族中的一员。

超声波具有如下特性：

（1）超声波可在气体、液体、固体、固熔体等介质中有效传播。

（2）超声波可传递很强的能量。

（3）超声波会产生反射、干涉、叠加和共振现象。

（4）超声波在液体介质中传播时，可在界面上产生强烈的冲击和空化现象。

超声波形主要分为纵波、横波、表面波和兰姆波四种。波源的质点振动方向与波的传播方向一致的波称为纵波；波源的质点振动方向垂直于波的传播方向的波称为横波；波源的质点振动介于纵波和横波之间且沿着表面传播，随深度的增加振幅迅速衰减的波称为表面波；质点将以纵波分量或横波分量形式振动，以特定频率被封闭在特定有限空间时产生的制导波称为兰姆波。横波、表面波和兰姆波只能在固体中传播，纵波可以在固体、液体和气体中传播。

子模块三　霍尔传感器

子模块知识目标

1. 了解霍尔传感器的类型、封装特点及对测试对象的要求。
2. 理解霍尔效应。
3. 理解霍尔集成电路的误差及补偿方法。

子模块技能目标

制作霍尔传感器的开门告知电路。

霍尔传感器是一种磁传感器。用它可以检测磁场及其变化，可在各种与磁场有关的场合中使用。霍尔传感器以霍尔效应为其工作基础，是由霍尔元件和它的附属电路组成的集成传感器。霍尔传感器在工业生产、交通运输和日常生活中有着非常广泛的应用。

任务一　认识霍尔传感器

【任务描述】

通过自制霍尔开关，了解霍尔传感器。

【材料准备】

钢球、绝缘板、磁铁、霍尔继电器。

【任务实施】

如图5-15所示把一块导电的物体置于磁场之中，例如磁力线向北，当给它施加从西向东的电流时，根据左手定则，这个电流会受到一个向上的力。这时把电流表的正极接在物体的上边，负极接在物体的下边，电流表中就会电流通过。这是由于向东去的电流受到向上的力而进入电流表的正极的缘故。如果推动了磁场，电流身上的力就不会存在，电流表中就没有电流。由此可以检验磁场的存在。通常进入电流表的电流比较微弱，需用放大电路进行放大之后再去控制开关（实际上是一个继电器），这就是霍尔传感器。至此，霍尔开关制作成功。

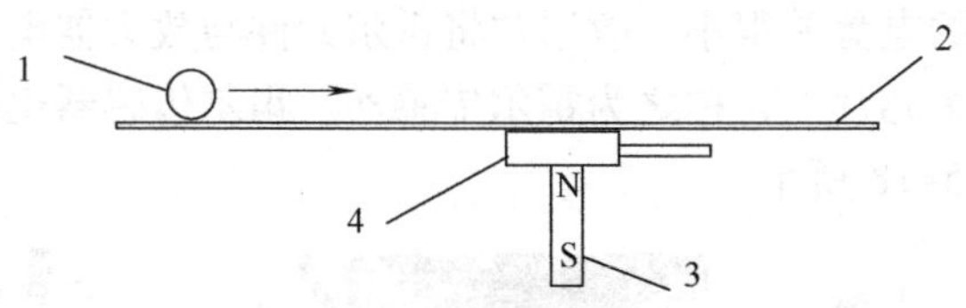

图 5-15 霍尔计数装置工作示意图

1—钢球 2—绝缘板 3—磁铁 4—霍尔开关传感器

任务评价

由小组讨论和教师指导共同制定。

【知识学习】

1. 霍尔效应

霍尔效应是磁电效应的一种，这一现象是美国物理学家霍尔（A. H. Hall，1855—1938）于 1879 年在研究金属的导电机构时发现的。当电流垂直于外磁场通过导体时，在导体的垂直于磁场和电流方向的两个端面之间会出现电势差，这一现象便是霍尔效应。这个电势差也被叫做霍尔电势差。

如图 5-16 一块 N 型半导体薄片（霍尔元件）位于磁感应强度为 B 的磁场中，B 垂直于 N 型半导体薄片所在的平面。沿 ab 方向通以恒定电流 I，半导体中的多数载流子——电子受到洛伦兹力 F_L的作用，向 d 侧面偏转，使该侧面积累电子而带负电，在 c 侧面上因缺少电子而带有等量的正电荷，从而在半导体的 c、d 两侧面上产生电势 U_H，称为霍尔电势。

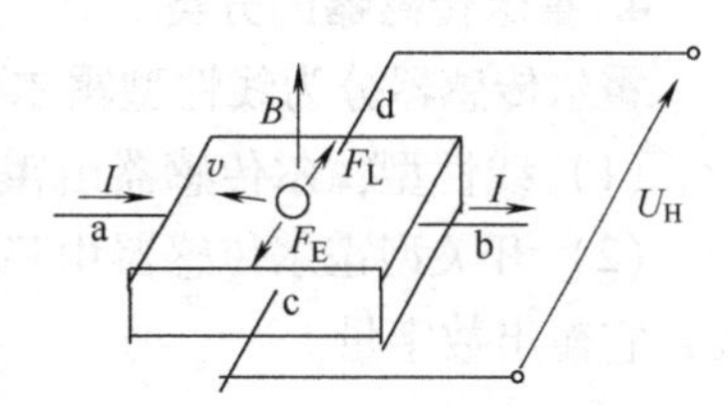

图 5-16 霍尔效应原理图

霍尔电势 U_H 公式： $U_H = K_H IB$

2. 霍尔元件

根据霍尔效应，人们用半导体材料制成的元件叫霍尔元件。它具有对磁场敏感、结构简单、体积小、频率响应宽、输出电压变化大和使用寿命长等优点，因此，在测量、自动化、计算机和信息技术等领域得到广泛的应用。

霍尔电势的大小与材料的性质的尺寸有关，因此霍尔元件不宜用金属材料制成，一般采用半导体体材料，例如 N 型锗、锑化铟、砷化镓以及磷砷化铟等制成，不同材料制成的霍尔元件的特性不同。霍尔元件的厚度要做得比较薄，有的只有 1μm 左右。

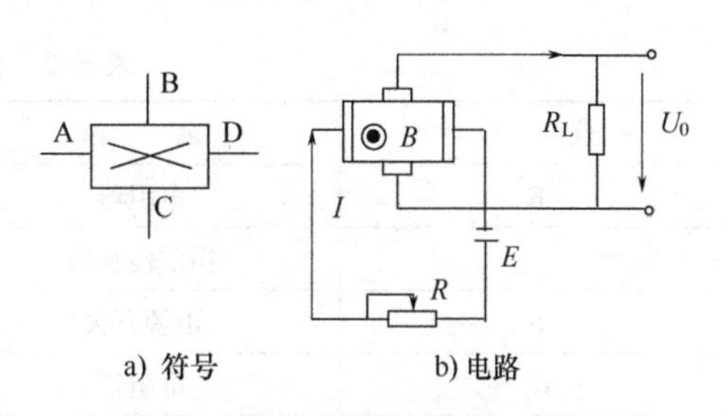

图 5-17 霍尔元件的符号和电路连接

霍尔元件是一种四端型器件，如图 5-17 所示。它由霍尔片、4 根引线和壳体组成。霍尔片面性是一块矩形半导体单晶薄片，尺寸一般为4mm×2mm×0.1mm。4个电极中的A、B为输入端，接入由电源E提供的控制电流；C、D为霍尔电势输出端，接输出负载R_L，R_L可以是放大器的输入电阻或测量仪器的内阻。

3. 霍尔传感器

由于霍尔元件产生的电势差很小，故通常将霍尔元件与放大器电路、温度补偿电路及稳压电源电路等集成在一个芯片上，称之为霍尔传感器。霍尔传感器也称为霍尔集成电路，其外形较小，外形图如图5-18所示。

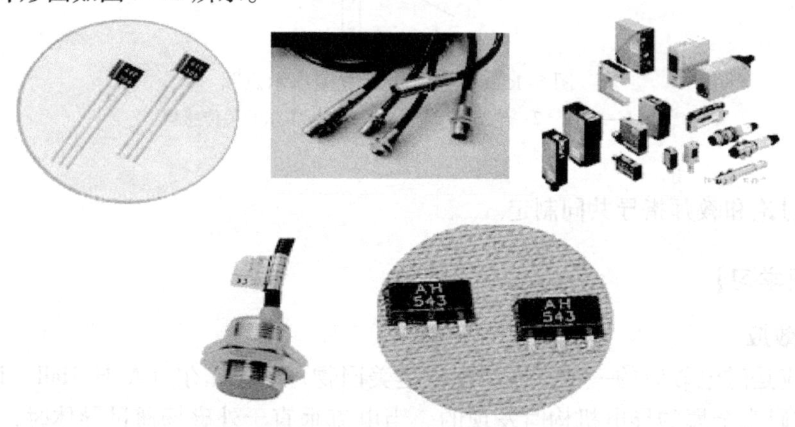

图5-18　多种类型霍尔传感器

4. 霍尔传感器的分类

霍尔传感器分为线性型霍尔传感器和开关型霍尔传感器两种。

(1) 线性型霍尔传感器由霍尔元件、线性放大器和射极跟随器组成，它输出模拟量。

(2) 开关型霍尔传感器由稳压器、霍尔元件、差分放大器，斯密特触发器和输出级组成，它输出数字量。

任务二　霍尔传感器应用训练

【任务描述】

制作霍尔传感器的开门告知电路。

【材料准备】

所用元器件、工具清单见表5-2。

表5-2　元器件、工具清单

代　号	名　称	型号、规格	数　量
R	电阻器	390	
	霍尔传感器	UGN3020	
S	电源开关	钮子开关，MTS-102	
R_1	电阻器	10kΩ	

（续）

代 号	名 称	型号、规格	数 量
R_2	电阻器	33kΩ	
C_1	电解电容器	10μF	
C_2	电解电容器	470μF	
VD	二极管	1N4148	
VL_1、VL_2	发光二极管	ϕ5mm（红光）	
	霍尔传感器	UGN3020	
VT	晶体管	CS9013	
B	扬声器	8	
	音乐集成电路	KD9300	
	电烙铁	35W	
	直流稳压电源	3～30V	
	万能电路板		
	毫安表	KD2101	
	指针式万用表	MF47	
	直流稳压电源	0～30V	

工作原理

开门告知电路如图5-19所示，它主要是由开关型霍尔集成传感器UGN3020和语音芯片KD9300组成的，可以应用在很多安全场合的门上，提示用户在出门或进门后及时将门关闭。音乐集成电路KD9300的工作电压低（约为3V）、功耗小、电路简单，当其触发端（2脚）为高电平时，有音乐信号输出。

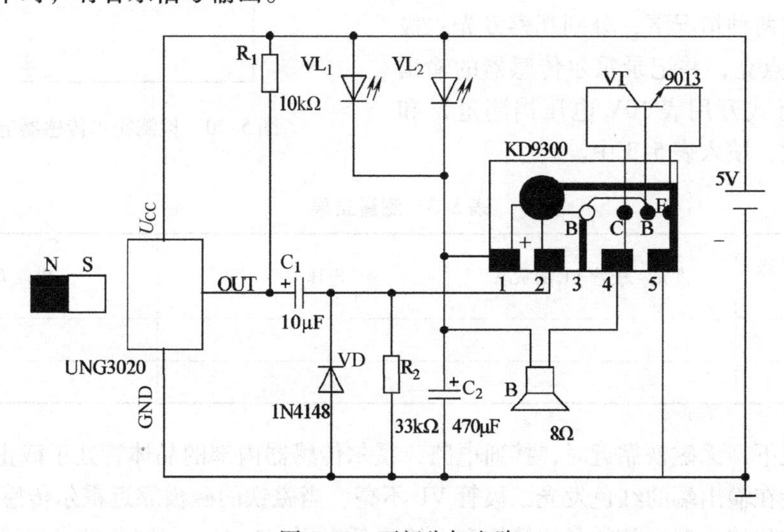

图5-19 开门告知电路

当原来关闭的门刚被打开时，磁铁离开霍尔传感器UGN3020的平面，UGN3020的输出端（OUT）变为高电平。电源通过电阻R_1、R_2对电容C_1充电，在R_2两端形成一个正脉冲电压，这个正脉冲加在 KD9300 的触发端（2 脚）上，使 KD9300 输出音乐信号，经过晶体管 VT 驱动扬声器 B，播放一遍音乐后停止，VL_1 和 VL_2 随音乐响起而点亮，随音乐停止而熄灭。

当门一直关闭时，磁铁靠近霍尔传感器 UGN3020 的平面，UGN3020 的输出端（OUT）为低电平，些时 KD9300 的触发端（2 脚）为低电平，没有音乐信号输出。当门一直打开时，UGN3020 的输出端（OUT）为高电平，电容 C_1 已充电结束，此时由于电容 C_1 的隔直作用，此时 KD9300 的触发端（2 脚）仍为低电平，没有音乐信号输出。

当原来打开的门被关闭时，UGN3020 的输出端（OUT）变为低电平。已充满电的电容 C_1 通过 R_1、R_2 和二极管 VD 进行放电，在 R_2 两端形成一个负脉冲，即 KD9300 的触发端（2 脚）不会出现高电平，所以 KD9300 依然没有音乐信号输出。

没有音乐响起时，VL_1 和 VL_2 都不点亮。

【任务实施】

1. 识别、检测元器件

按配套清单表核对元器件的数量、型号和规格；用万用表的电阻挡对电阻器、电容器、发光二极管、晶体管等元件进行检测，剔除并更换不符合质量要求的元器件。

2. 检测霍尔传感器

按照图 5-20 所示电路在实验台上连接电路，电路安装完毕后，对照电路图进行检查，仔细检查电路中各元器件是否安装正确。

将直流稳压电源调为 6V，闭合开关 S，以接通电路。在没有磁铁靠近和有磁铁靠近霍尔传感器平面这两种情况下，分别观察发光二极管 VL 会不会点亮，并记录霍尔传感器的输出电压（用指针式万用表 10V 电压挡测量）和毫安表的读数，填入表 5-3 中。

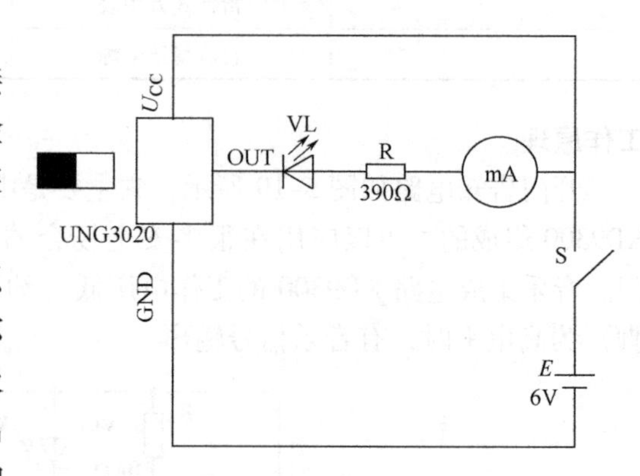

图 5-20　检测霍尔传感器电路

表 5-3　测量结果

项目 \ 状态	发光二极管 VL 的状态	电压 U/V	电流 I/mA
无磁体靠近			
有磁体靠近			

正常情况下，无磁铁靠近时，接通电路，霍尔传感器内部的晶体管处于截止状态，输出高电平，连接在输出端的红色发光二极管 VL 不亮。当磁铁的磁极靠近霍尔传感器 UGN3020 的平面时，霍尔传感器内部的晶体管饱和，输出低电平（0.1V），红色发光二极管 VL 点亮，通过电流约 10mA。

3. 识别音乐集成电路 KD9300

如图 5-21，音乐集成电路 KD9300 是一个软封装的 CMOS 集成芯片，5 个引出点的功能分别是：1 电源正极，2 触发器，3 原始音频输出端，4 放大音频输出端，5 电源负极。

4. 电路装接

按图 5-19 所示电路，在万能电路板上插装和焊接电路。插装元件时，要注意元器件的布局和连线，元件排列整齐再进行焊接，焊接后，用柔软的细线把霍尔传感器与焊接好的电路板正确连接。

5. 电路检测

将直流稳压电源调为 5V，接通电源。先调试磁铁与霍尔传感器平面的位置，调试结果为：把磁铁的 S 极靠近霍尔传感器然后离开时，听到音乐声，看到发光二极管点亮。如图 5-22，按调好的位置把磁铁安装在门上，把霍尔传感器安装在门框上。最后分别检测门一直闭合、一直打开、由打开到闭合和由闭合到打开时是否听到音乐声，发光二极管是否点亮。正常时，只有门由闭合到打开时才有音乐响起，发光二极管才点亮。

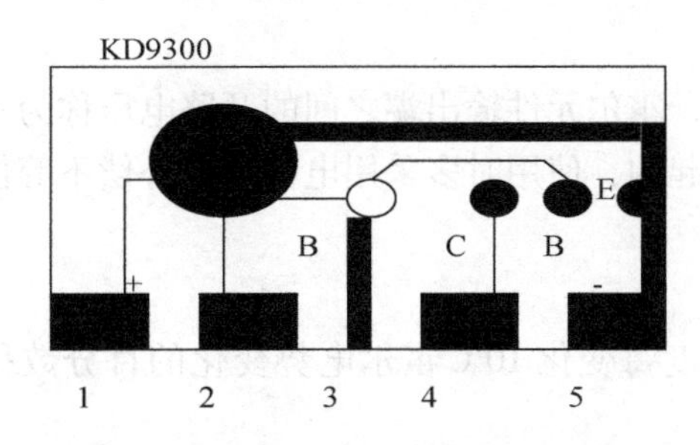

图 5-21　集成电路 KD9300 的管脚排列

1—电源正极　2—触发器　3—原始音频输出端

4—放大音频输出端（接扬声器）　5—电源负极

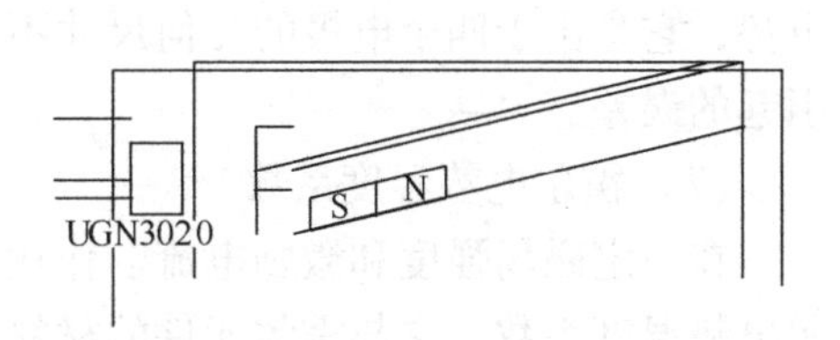

图 5-22　开门告知电路的安装

任务评价

由小组讨论和教师指导共同制定。

注意事项

1. 操作前，要认真复习霍尔元件的特性，以此来判别测试结果是否正确。

2. 在进行调试操作时，如果磁铁不能起到控制作用，则要改变霍尔传感器的感应面，从霍尔传感器的另一侧平面靠近。

知识拓展：

霍尔元件的基本参数与温度补偿

1. 霍尔元件的基本参数

（1）输入电阻 R_i

霍尔元件两激励电流端的直流电阻称为输入电阻。它的数值从几欧到几百欧，视不同型号怕元件而定。温度升高，输入电阻变小，从而使输入电流变大，最终引起霍尔电势变化。为了减少这种影响，最好采用恒流源作为激励源。

（2）输出电阻 R_o

两个霍尔电势输出端之间的电阻称为输出电阻。它的数值与输入电阻属同一数量级，并出随温度改变而改变。选择适当的负载电阻 R_L 与之匹配，可以使由温度引起的霍尔电势的漂移减至最小。

（3）最大激励电流 I_M

由于霍尔电势随激励电流增大而增大，故在应用中总希望选用较大的激励电流。但激励电流增大，霍尔元件的功耗增大，元件的温度升高，从而引起霍尔电势的温漂增大。因此，每种型号的元件均规定了相应的最大激励电流，它的数值从几毫安至几百毫安。

（4）灵敏度 K_H

$K_H = U_H/(IB)$，它的数值约为10mV/(mA·T)。

（5）最大磁感应强度 B_M

磁感应强度为 B_M 时，霍尔电势的非线性误差将明显增大，B_M 的数值一般为零点几特斯拉。

（6）不等位电势

在额定激励电流下，当外加强磁场为零时，霍尔元件输出端之间的开路电压称为不等位电势，它是由于四个电极的几何尺寸不对称引起的，使用时多采用电桥法来补偿不等位电势引起的误差。

（7）霍尔电势温度系数

在一定磁场强度和激励电流的作用下，温度每变化10℃霍尔电势变化的百分数称为霍尔电势温度系数，它与霍尔元件的材料有关。

2. 温度误差

霍尔元件是由半导体制成的，因半导体对温度很敏感，霍尔元件的载流子迁移率、电阻率和霍尔系数都随温度而变化，因而使霍尔元件的特性参数（如霍尔电势和输入、输出电阻等）成为温度的函数，导致霍尔传感器产生温度误差。

子模块四　物位传感器

子模块知识目标

1. 了解常用物位传感器类型。
2. 理解物位测量的技术要求。
3. 理解电容式液位传感器的测量原理。

子模块技能目标

能制作导电式水位传感器。

物位是液位、料位以及界面位置的总称。液位如罐、塔、槽等容器中液体或河道、水库中的水的表面位置高度；料位如仓库、料斗和仓储箱内堆积物体的高度；界面位置一般指固体与液体或两种不相溶、密度不同的液体之间存在的交界面。本单元将主要介绍几种模拟式物位传感器。

任务一　认识液位传感器

【任务实施】

液位传感器（静压液位计/液位变送器/液位传感器/水位传感器）是一种测量液位的压力传感器。分为两类：一类为接触式，包括单法兰静压/双法兰差压液位变送器、浮球式液位变送器、磁性液位变送器、投入式液位变送器、电动内浮球液位变送器、电动浮筒液位变送器、电容式液位变送器、磁致伸缩液位变送器、侍服液位变送器等。第二类为非接触式，分为超声波液位变送器，雷达液位变送器等。

静压投入式液位变送器（液位计）适用于石油化工、冶金、电力、制药、供排水、环保等系统和行业的各种介质的液位测量。精巧的结构，简单的调校和灵活的安装方式为用户轻松地使用提供了方便。4～20mA、0～5V、0～10mA 等标准信号输出方式由用户根据需要任选。

利用流体静力学原理测量液位，是压力传感器的一项重要应用。采用特种的中间带有通气导管的电缆及专门的密封技术，既保证了传感器的水密性，又使得参考压力腔与环境压力相通，从而保证了测量的高精度和高稳定性。

防腐液位传感器是针对化工工业中强腐蚀性的酸性液体而特制，壳体采用聚四氟乙烯材料制成，采用特种氟胶电缆及专门的密封技术进行电气连接，既保证了传感器的水密性、耐腐蚀性，又使得参考压力腔与环境压力相通，从而保证了测量的高精度和高稳定性。

几种液位传感器实物如图 5-23 所示。

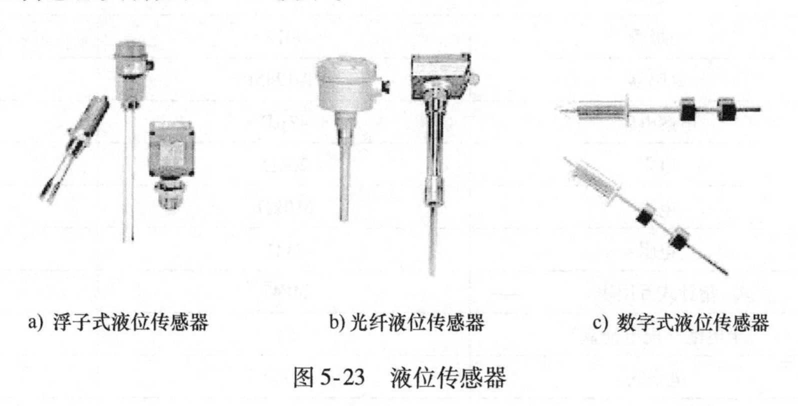

a) 浮子式液位传感器　　b) 光纤液位传感器　　c) 数字式液位传感器

图 5-23　液位传感器

任务二　制作导电式水位传感器

【任务描述】

图 5-24 所示是导电式水位报警器电路图。导电电极 1（常称为检知电极）放在检测水位要求的高度，它可以根据检测水位要求的高低进行升降，导电电极 2 浸没于水中（或其他导电液体）。当水位低于检知电极时，两电极间处于绝缘状态，水位报警电路断开，蜂鸣器 B 不发声。当水位上升到与检知电极相接触时，由于水具有一定的导电性，丙电极间导通，这样就接通电路，使得 VT_1、VT_2 导通，蜂鸣器 B 中有 VT_2 的集电极电流流过，发出“嘀、嘀”的连续报警声，提示已到达警戒水位。

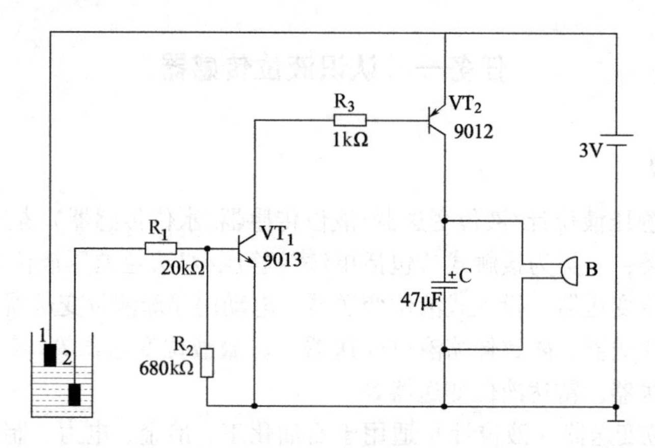

图 5-24　导电式水位报警器电路图

这实际上是一个导电式水位传感器的工作电路。导电式水位传感器的结构简单，工作可靠，在抽水及储水设备、工业水箱、汽车水箱等方面已被广泛采用。

【材料准备】

参考电路原理图，拟定元件清单准备材料如表 5-4 所示。

表 5-4　导电式水位报警器材料清单

代号	名称	型号、规格	数量
VT_1	三极管	9013	1
VT_2	三极管	9012	1
B	蜂鸣器	PT-1245P	1
C	电解电容	47μF	1
R_1	电阻	20kΩ	1
R_2	电阻	680kΩ	1
R_3	电阻	1kΩ	1
	指针式万用表	MF47	1
	干电池（配电池盒）	5#	2
	电烙铁	30W	1
	万能电路板	50×50	1
	导线		若干

【任务实施】

1. 识别、检测元器件

按配套清单表 5-4 核对元器件的数量、型号和规格；用万用表的 R×1k 挡对电阻、晶体管进行检测，用 R×10k 挡对电容进行检测，剔除并更换不符合质量要求的元器件。

2. 电路装接

按图 5-24 所示电路，在万能电路板上插装和焊接电路。插装元件时，要注意元器件的布局和连线，元件排列整齐再进行焊接。

3. 检测电路

电路接入两节 1.5V 干电池，开始让水位低于报警水位，蜂鸣器不发声。然后往容器中注水，让水位逐渐上升，蜂鸣器依然不发声。直到水与检知电极相接触，蜂鸣器发出“嘀、嘀”的连续报警声。

任务评价

由小组讨论和教师指导共同制定。

**【知识学习】**

电容式液位传感器的应用

1. 电容式液位传感器的工作原理

电容式液位传感器是利用被测介质面的变化引起电容变化的一种介质型电容传感器，如图 5-25 所示为用于检测非导电介质的电容式液位传感器。原理如图 5-26 所示，当被测液面高度变化时，两同轴电极间的介电常数将随之发生变化，从而引起电容量的变化。假设被测介质的介电常数为 ε_1，液位以上部分介质的介电常为 ε_2，则其电容量 C 为：

图 5-25　电容式液位传感器

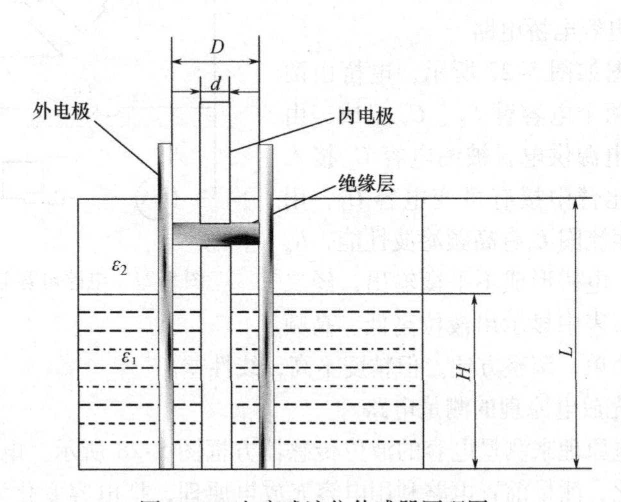

图 5-26　电容式液位传感器原理图

$$C=\frac{2\pi\varepsilon_1 H}{\ln\dfrac{D}{d}}+\frac{2\pi\varepsilon_2\ (L-H)}{\ln\dfrac{D}{d}}$$

式中　H——传感器插入液面深度；

L——两电极相互覆盖部分的长度；

D——外电极的内径和内电极的外径。

设 C_0 为液面深度 $H=0$ 时的电容，则液面深度增至 H 时电容 C_x 的变化为

$$C_x = C - C_0 = \frac{2\pi(\varepsilon_1 - \varepsilon_2)}{\ln \dfrac{D}{d}} H$$

由上式可知，如果测量出电容变化量 C_x，就可测出液面高度 H。两种介质介电常数差（$\varepsilon_1 - \varepsilon_2$）越大，极径 D 与 d 相差越小，传感器灵敏度就越高。

上述原理出可用于导电介质液位的测量。这时，传感器的两个极板必须与被测介质绝缘。

2. 电容式液位传感器测量电路

电容式液位传感器由于受本身结构尺寸及测量对象的介电常数等限制，电容量通常不大，液位变化引起的电容变化值更小，往往只有几皮法到几百皮法。因此要准确而无干扰地测量这些电容及其变化值，必须正确设计测量线路。将信号转换成易于测量的电信号，由于电容量很小，所以在低频时的电抗 $X_C = 1/(2\pi f C)$ 将很大，这样，对测量电路的绝缘性能要求很高，否则漏电电流将和传感器工作电流可相比拟而影响系统测量精度。因此电容式液位传感器的测量电路一般采用交流电桥电路，高频电源供电。此外，由于检测电极部分电容量很小，一些寄生电容、引线干扰电容，易引起测量误差，因此在电路中加滤波、在结构图加屏蔽的方法解决抗干扰问题十分重要。

电容式液位传感器的典型应用电路为高频电感电容电桥电路或利用电容充放电原理电路。

（1）高频电感电容电桥电路

电桥电路原理图如图 5-27 所示，电桥由两个电感臂 L_2、L_3 和两个电容臂 C_1、C_x 组成，由电感 L_1 高频振荡的电源供电，被测电容 C_x 接入测量臂，而另一参比臂中接有可变电容 C_1，用以调整电桥平衡。扼流圈 L_0 有高频滤波性能，R_e 用来调整测量范围，电桥形成不平衡输出，经二极管整流后，在毫安表中显示出液位高低。高频电感电容电桥结构简单，调整方便，但精度不高，线性差。

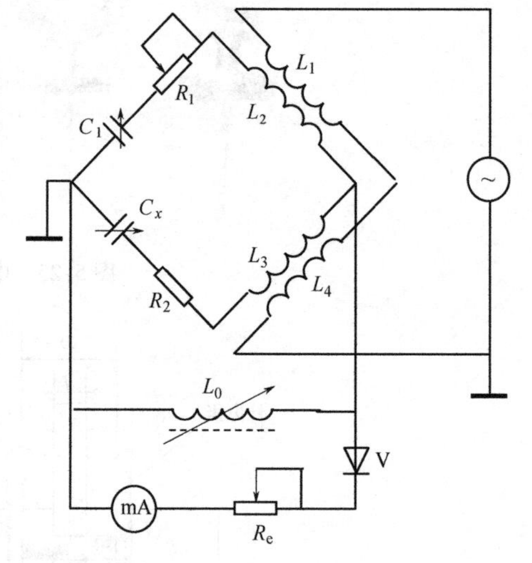

图 5-27　电感电容电桥电路原理图

（2）利用电容充放电原理的测量电路

利用电容充放电原理来测量电容的液位传感器方框图 5-28 所示。电容液位传感器把液位变化变为电容变化，测量前置电路利用电容充放电原理，把电容变化为直流电流的变化，经与调零单元的零点电流比较后，再经直流放大，然后进行指示或远传。晶体振荡器用来产生高频恒定频率方波，经分频后，通过多芯屏蔽电缆与显示仪表部分相连，这样可减小传输电缆分布电容的影响，并减小干扰。

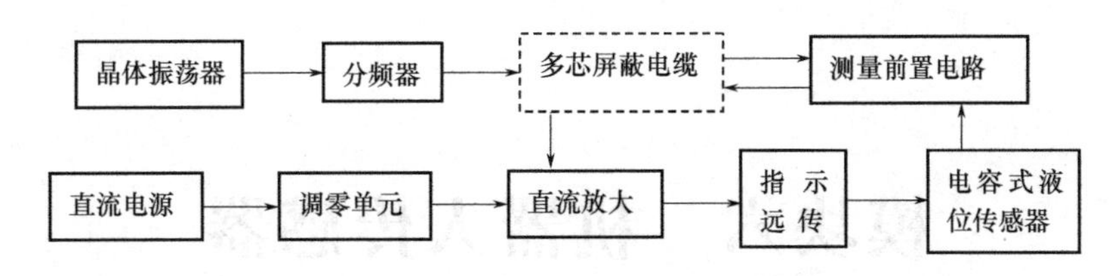

图 5-28　利用充放电原理的电容式液位传感器方框图

3. 电容式液位传感器的特点

（1）性能参数

温度范围：－20～1000℃；压力范围：50MPa 以下；测量范围：0～2.0m；准确度：0.1%～2%。

（2）应用范围

限位点设置的控制和报警；连续测量液位及储量；各同性质的液体及固体散粒；易燃易爆区。

4. 电容式液位传感器的类型

1）缆式。适用于各种导电水溶液的液位测量，如开口容器、小口容器、深井、狭缝等场合。

2）杆式。适用于黏度不大、不易结垢的酸、碱、盐水溶液等导电介质的液位测量，可用于开口或有压容器的液位测量。探杆外覆聚四氟乙烯材料，耐强腐耐高温。

3）筒式。适用于黏度不大的非导电介质的液位测量，可用于开口或有压容器的液位测量。探杆内外电极采用不锈钢管。

4）绝缘筒式。适用于测量各种对不锈钢无腐蚀作用的导电、非导电、半导电介质的液位。内电极为不锈钢外覆聚四氟乙烯材料制成，外电极为不锈钢制成。

5）双杆式。适用于强腐蚀性介质，要求介质的电导率不小3～10s/m。

6）裸杆式。适用于非导电介质，如粉、料、粒。

巩 固 练 习

一、在此括号中填上“√”或“×”

1. 霍尔开关能用于对非导电物体的检测。(　　)
2. 霍尔元件由霍尔开关、磁场和电源组成。(　　)

二、填空题

1. 霍尔元件是一种______元件，常用______材料制成。
2. 霍尔集成传感器分为________和________两大类。

三、简答题

1. 简述电位器式位移传感器的不同类型特点。
2. 简述超声波传感器厚度、液位测量原理。
3. 什么是霍尔效应?
4. 简述液位传感器的分类。
5. 简述电容式液位传感器的工作原理。

模块六　机器人传感器

模块学习目标

1. 了解机器人的发展。
2. 掌握机器人传感器的分类和选择方法。
3. 熟悉机器人常用传感器的结构和工作原理。
4. 用不同方法快速精确测量机器人运动行走距离。
5. 使用机器人编程环境对机器人做简单行为控制。

机器人（Robot）是自动执行工作的机器装置。它既可以接受人类指挥，又可以运行预先编排的程序，也可以根据以人工智能技术制定的原则纲领行动。它的任务是协助或取代人类工作的工作，例如服务业、生产业、建筑业，或是危险的工作。

任务一　认识机器人传感器

【任务描述】

走进机器人世界，观察不同类型机器人特点。

【材料准备】

有关机器人视频。

【任务实施】

使用网络或其他资源，对机器人的特点进行分类、归纳。

机器人的功能描述：

1. ________________________________
2. ________________________________
3. ________________________________
4. ________________________________
5. ________________________________

实践报告描述进行足球比赛的机器人哪些功能与传感器有关，填写报告表6-1。

表 6-1　功能与传感器

序　　号	功 能 用 途	传感器类型
1		
2		
3		
4		
5		

【知识学习】

1. 机器人的发展

机器人是一种自动化的机器，所不同的是这种机器具备一些与人或生物相似的智能能力，如感知能力、规划能力、动作能力和协同能力，是一种具有高度灵活性的自动化机器。

1958 年，美国 Consolidated 公司制作出世界第一台工业机器人，从那时起至今，机器人正在一步步走向成熟。我国也在 20 世纪 80 年代初期生产出第一台国产工业机器人。

人们已经发展了具有感知、决策、行动和交互能力的智能机器，如移动机器人、微机器人、水下机器人、医疗机器人、军用机器人、空中空间机器人、娱乐机器人等。对不同任务和特殊环境的适应性，也是机器人与一般自动化装备的重要区别。这些机器人从外观上已远远脱离了最初仿人形机器人和工业机器人所具有的形状，其功能和智能程度也大大增强，从而为机器人技术开辟出更加广阔的发展空间，不同类型机器人如图 6-1 所示。

从世界范围来说，机器人的发展和应用尚属初级阶段，原来只有几个发达国家拥有机器人，而随着科学技术的发展，目前世界许多国家拥有了机电一体化的机器人。可以展望，21 世纪必将是机器人得以在各个领域广泛应用的时代，因此学习、了解、应用机器人已成为当务之急。

2. 机器人传感器的分类

传感器使得机器人初步具有类似于人的感知能力，不同类型的传感器组合构成了机器人的感觉系统。

机器人传感器主要可以分为视觉、听觉、触觉、力觉和接近觉五大类。不过从人类生理学观点来看，人的感觉可分为内部感觉和外部感觉，机器人传感器也可分为内部传感器和外部传感器。

内部传感器主要用于检测机器自身的状态（如手臂间角度、机器人运动过程中的位置、速度、加速度等）。

外部传感器主要用于检测机器人所处的外部环境和对象的状况等，如判别机器人抓取对象的形状、空间位置，抓取对象周围是否存在障碍，被抓取物体是否滑落，外界环境温度、光线、声音等。机器人常用内、外传感器分类见表 6-2。

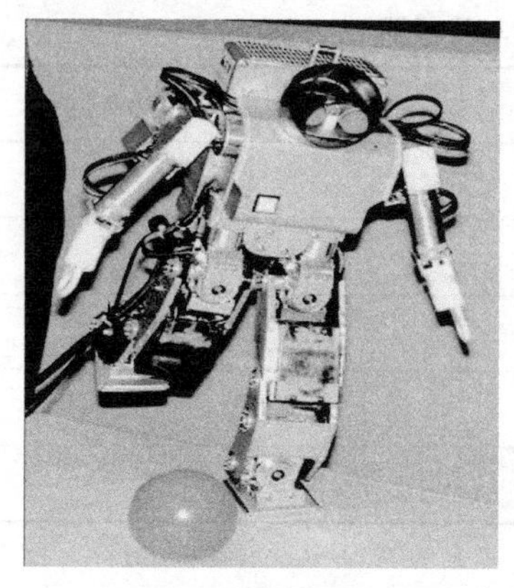

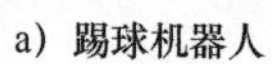

a）踢球机器人

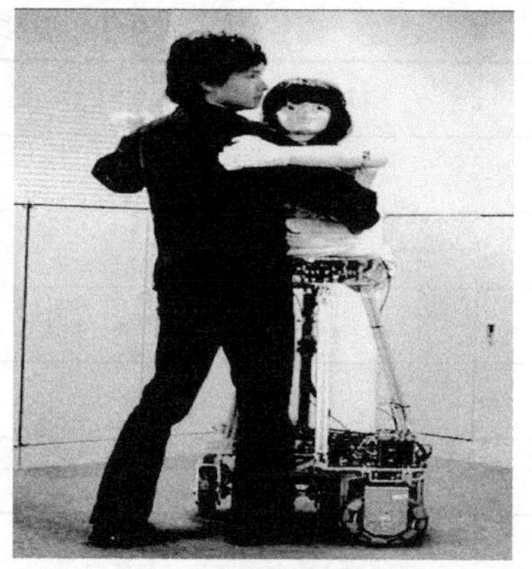

b）伴舞机器人

c）军事机器人

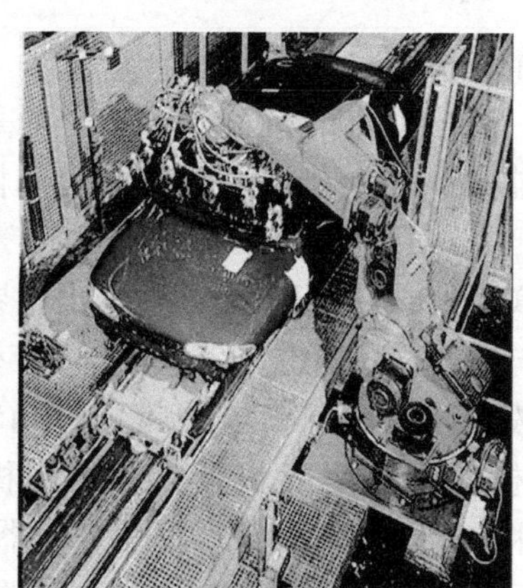

d）工业机器人

图 6-1　不同类型机器人

表 6-2　机器人常用内、外传感器分类

传感器分类	检测内容	应用目的	检测器件
位置	位置、角度	位置移动检测 角度变化检测	电位器、直线式感应同步器角度式电位器、光电编码器
速度	速度	速度检测	测速发动机、增量式码盘
加速度	加速度	加速度检测	压电式加速度传感器、压阻式加速度传感器
触觉	与对象是否接触，接触的位置	决定对象位置、识别对象形态、控制速度、安全保障、异常停止、寻径	光电传感器，微动开关、薄膜接点、压敏高分子材料
接近觉	对象物是否接近、接近距离、对象面的倾斜	控制位置、寻径、安全保障、异常停止	光电传感器、气压传感器、超声波传感器、电涡流传感器、霍尔传感器
视觉	平面位置、距离、形状、缺陷	位置决定、控制、移动控制、物体识别、判别、异常检查	ITV 摄像机、位置传感器、测距器、线图传感器、图像传感器

（续）

传感器分类	检 测 内 容	应 用 目 的	检 测 器 件
听觉	声音、超声波	麦克风 超声波传感器	语音控制（人机接口） 导航
嗅觉	气体成分	化学成分探测	气体传感器、射线传感器
味觉	味道	化学成分探测	离子敏感器、pH 计

3. 机器人传感器的要求与选择

机器人传感器的选择主要取决于机器人的工作需要和应用特点，对机器人感觉系统的要求是选择传感器的基本依据。机器人对传感器的一般要求如下：

（1）精度高、重复性好。机器人是否能准确无误地正常工作，往往取决于所用传感器的测量精度。

（2）稳定性和可靠性好。保证机器人能够长期、稳定、可靠地工作，尽可能避免在工作中出现故障。

（3）抗干扰能力强。工业机器人的工作环境往往比较恶劣，其所用传感器应该能承受一定的电磁干扰、振动，能在高温、高压、高污染环境下正常工作。

（4）质量轻、体积小，安装方便。

任务二　测试机器人行走距离

【任务描述】

分组采用不同的方法测试机器人行走距离。

【材料准备】

乐高（LEGO）教育类机器人套件（集合了可编程 LEGO 砖块、电动马达、传感器、部分齿轮、轮轴、横梁）。乐高机器人的编程环境（语言）。

搭建好的 FLL 机器人 3 台，长 2000mm，宽 500mm 木制跑道一块（跑道中间画一条中线，从跑道边缘起，在 500mm 处画一条起跑线，从起跑线开始 500mm 处和 1000mm 各画一条线），卷尺一把。

【任务实施】

通过对 NXT 控制器进行操作和简单的程序编写控制机器人行走距离，从而发现一些控制机器人快速、精确运动行走距离，定位机器人的方法。在设置控制机器人行走过程中体会、交流控制机器人的经验，在对 NXT 控制器进行操作和简单的编写程序方法的不断总结与改进中感悟出一些简单的科学原理，发现一些难以解决的问题。尝试在大家面前表达自己的观点，学会倾听并借鉴别人的意见。

因此具体实施步骤如下：

1）认识 NXT 控制器的特点，对 NXT 控制器进行简单的设置应用，熟悉 NXT 控制器并灵活掌握操作方法。如图 6-2 所示：安装 4 个传感器和 3 个伺服马达的乐高（LEGO）NXT 控制器结构图。

2）通过用编程的方法来控制机器人行走，设置电机行走时间、电机旋转角度和电机旋转的圈数来控制机器人。图 6-3 所示为乐高机器人的编程环境。

图 6-2　LEGO NXT 控制器结构图

3）选取不同传感器，如图 6-4 所示乐高机器人各种类型种传感器，主要有：光电传感器、触觉传感器、声音传感器、超声波传感器、角度传感器。各小组学生通过编写程序，采用不同的方法测试机器人行走。例如，1 组使用设置马达运行时间控制机器行人行走的方法。2 组使用设置马达转动圈数控制机器人行走的方法。3 组使用设置马达旋转角度控制机器行人行走的方法。分别用不同的方法来控制机器人的行走距离。

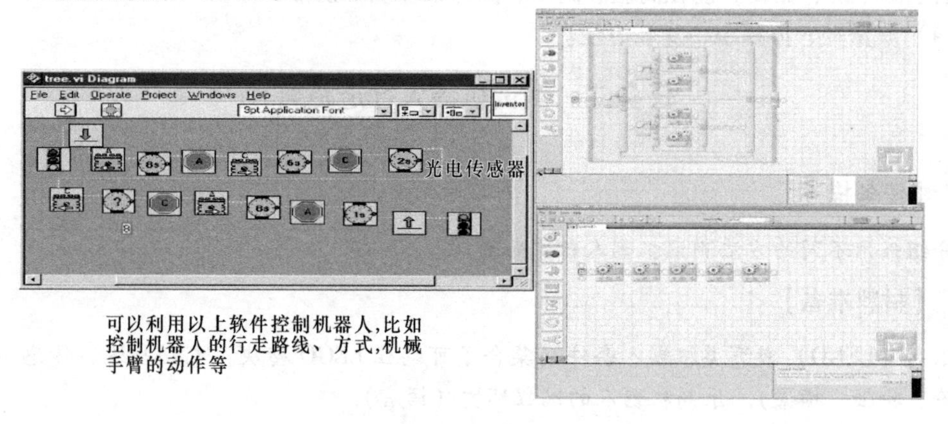

图 6-3　乐高机器人的编程环境

4）评价哪个小组的机器人最先精确地到达 500mm 的终点线和 1000mm 终点线。

通过 NXT 控制器内置角度传感器这一简单有效的方法精确的算出机器人要行走的距离。此次活动的重点放在学生的探究上，通过活动来学习知识，慢慢积累经验，自主建构相互之间的联系。

5）理解角度传感器测量乐高机器人行走距离原理。

角度传感器是用来检测角度的。如图 6-5 所示它的身体中有一个孔，可以配合乐高的轴。当连结到 RCX（可编程积木）上时，轴每转过 1/16 圈，角度传感器就会计数一次。往一个方向转动时，计数增加；转动方向改变时，计数减少。计数与角度传感器的初始位置有关。当初始化角度传感器时，它的计数值被设置为 0，如果需要，可以用编程把它重新复位。

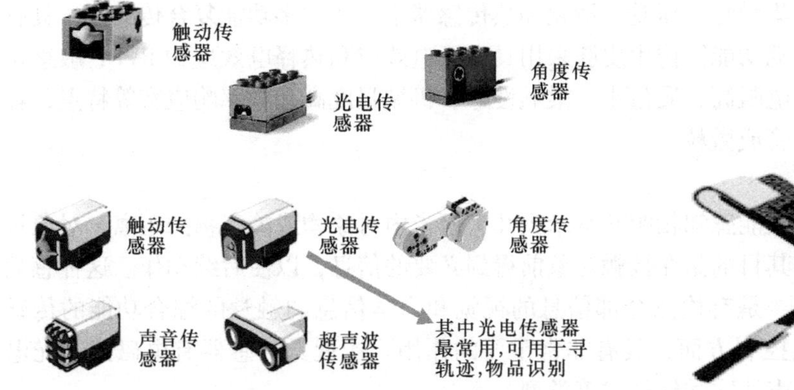

图 6-4　任务所用传感器类型

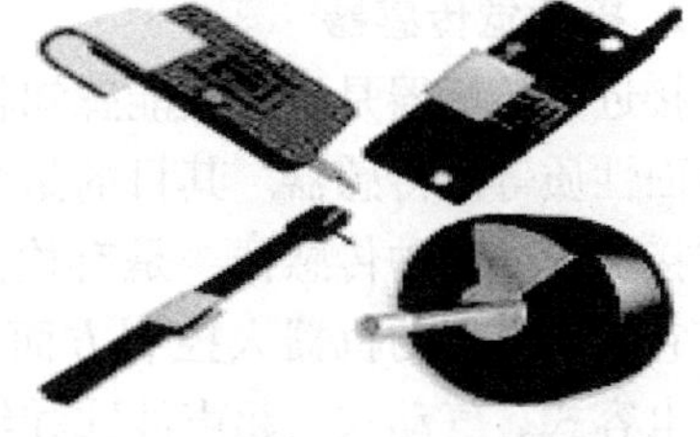

图 6-5　乐高机器人中角度传感器结构

任务评价

由小组讨论和教师指导制定

任务思考

什么原因造成机器人行走距离测量的不精确？有其他的解决方法吗？

【知识学习】

了解机器人常用传感器的结构和功能

1. 触接传感器

机器人的触觉，实际上是人的触觉的模仿，它是有关机器人和对象之间直接接触的感觉。触觉传感器能感知被接触物体的特征以及传感器接触外界物体的自身状况，如图 6-6 所示的仿真机械手安装的触接传感器通常有触觉、压觉、力觉、滑觉四种类型。其中触觉是手指与被测物是否接触及接触物的形状；压觉是机器人和对象物接触面上的力度；力觉是机器人动作时各自由度的力感觉；滑觉是物体向着垂直于手指把握面的方向移动或变形。若没有触觉传感器，机器人就不能准确抓持物体和操作工具。

机器人中的触觉传感器主要作用有：

1）使操作动作适宜：如感知手指同对象物之间的作用力，可确定动作是否适当，并用这种力作为反馈信号，通过调整，使给定的任务实现灵活的动作控制，用以躲避危险、障碍物，防止事故发生。

2）识别操作对象的属性：如表面光洁度、规格、质量、硬度等。有时也可以代替视觉进行一定程度的形状判别，在视觉无法起作用的场合，这一点很重要。常使用的接触传感器有机械式（如微动开关）正式差动变压器，含碳海绵及导电橡胶等几种，当接触力作用时，这些传感器的通断方式输出高、低电平，实现传感器对接触物的感知。

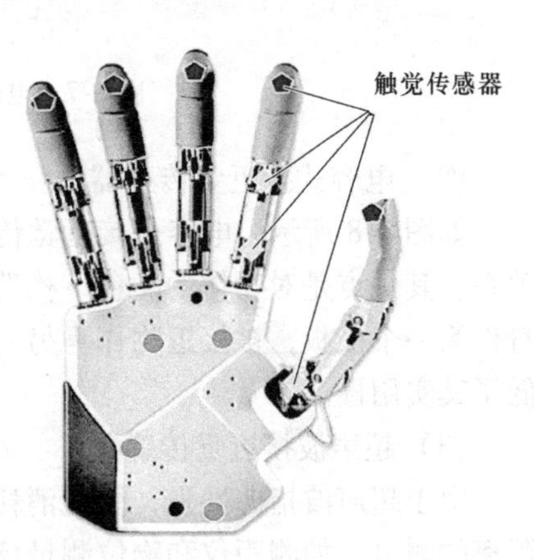

图 6-6　机械手

触觉传感器的应用——仿生皮肤，近年来为了得到更完善、更拟人化的触觉传感器，人们研制出仿生皮肤，它是集触觉、压觉、滑觉和热传感器于一体的多功能复合传感器，具有类似于人体皮肤的多种感觉功能。仿生皮肤采用具有压电效应和热释电效应的 PVDF 敏感材料，具有温度范围宽、体电阻高、质量小、柔顺性好、机械强度高和频率响应宽等特点，容易热成形加工成薄膜、细管或微粒。

2. 接近觉传感器

接近觉传感器是机器人能感知相距几毫米到几十厘米内对象物或障碍物的距离、对象物的表面性质等的传感器。其目的是在接触对象前得到必要的信息，以便后续动作。这种感觉是非接触的。这种传感器，是有检测全部信息的视觉和力学信息的触觉的综合功能的传感器。它对于实用的机器人控制方面，具有非常重要的作用。接近觉传感器有电磁式、光电式、电容式、气动式、超声波式和红外式等类型。

（1）电磁感应式接近觉传感器

该传感器的外观和结构如图 6-7 所示，变化的磁场将在金属体内产生感应电流。这种电流的流线在金属体内是闭合的，所以称为涡旋电流（简称涡流），而涡流的大小随金属体表面与线圈的距离大小而变化。当电感线圈内通以高频电流时，金属体表面的涡流电流反作用于线圈 L，改变 L 内的电感大小。通过检测电感便可获得线圈与金属体表面的距离信息。

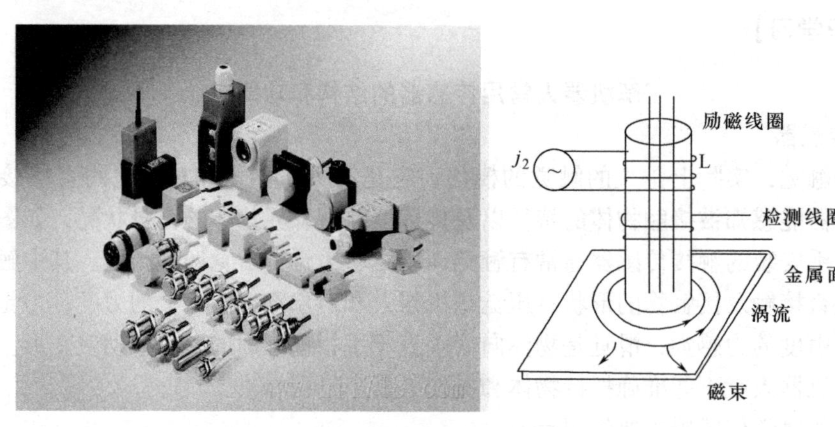

图 6-7　电磁感应式接近觉传感器外观和结构

（2）电容式接近觉传感器

如图 6-8 所示，电容式接近觉传感器是利用平板电容器的电容 C 与极板距离 d 成反比的关系。其优点是对物体的颜色、构造和表面都不敏感且实时性好；其缺点是必须将传感器本身作为一个极板，被接近物作为另一个极板。这就要求被测物体是导体且必须接地，大大降低了其实用性。

（3）超声波接近觉传感器

由于超声波指向性强，能量消耗缓慢，在介质中传播的距离较远，因而超声波经常用于距离的测量，如测距仪和物位测量仪等都可以通过超声波来实现。利用超声波检测往往比较迅速、方便、计算简单、易于做到实时控制，并且在测量精度方面能达到工业实用的要求，因此在移动机器人研制上也得到了广泛的应用。超声波接近觉传感器外观和结构如图 6-9。

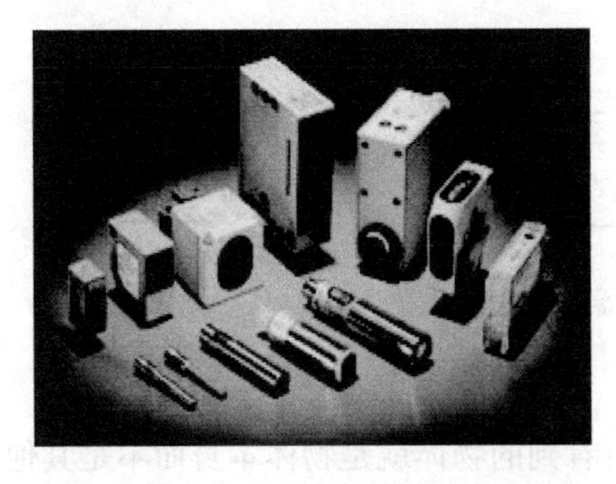

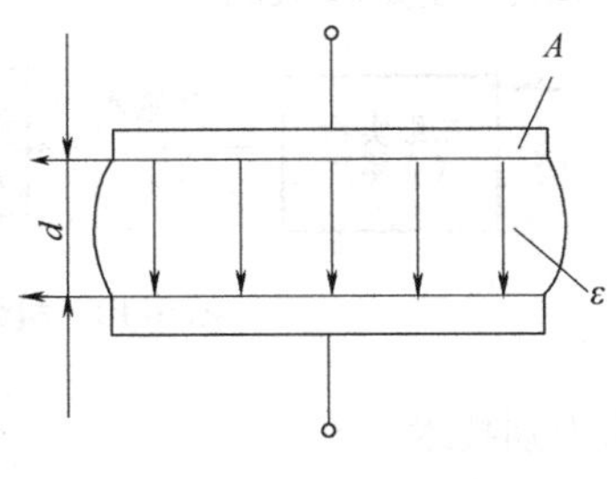

图 6-8　电容式接近觉传感器外观和结构

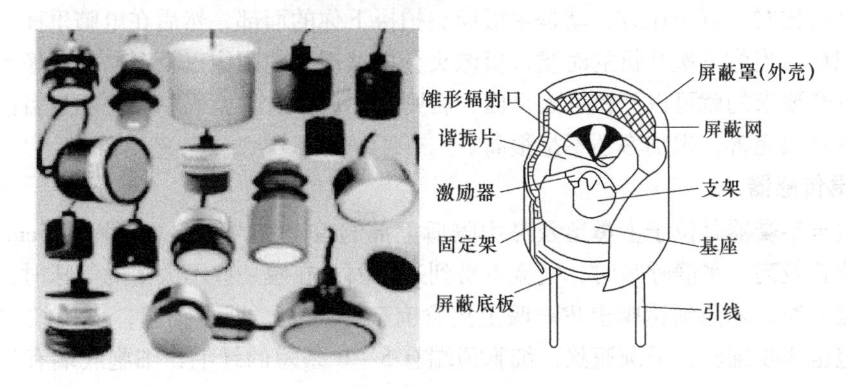

图 6-9　超声波接近觉传感器外观与结构

3. 视觉传感器

(1) 人的视觉

人的眼睛是由含有感光细胞的视网膜和作为附属结构的折光系统等部分组成。人眼的适宜刺激波长是 370 ~ 740nm 的电磁波；在这个可见光谱的范围内，人脑通过接收来自视网膜的传入信息，可以分辨出视网膜像的不同亮度和色泽，因而可以看清视野内发光物体或反光体的轮廓、形状、颜色、大小、远近和表面细节等情况，自然界形形色色的物体以及文字、图片等，通过视觉系统在人脑中的反映。视网膜上有两种感光细胞，视锥细胞主要感受白天的景象，视杆细胞感受夜间的景象。人的视锥细胞大约有 700 多万个，是听觉细胞的 3000 多万倍，因此在各种感官获取的信息中，视觉约 80%。同样，对机器人来说，视觉传感器也是最重要的传感器。

(2) 机器人视觉

视觉信息一般通过光电检测转化成电信号。常用的光电检测器有摄像管和固态图像传感器。在处理三维空间问题时，位置信息必不可少。获得距离信息的方法有光投影法、立体视法。机器人的视觉系统通常是利用光电传感器构成的。多数是用电视摄像机和计算机技术来实现的，故又称计算机视觉。视觉传感器的工作过程如图 6-10 所示，可分为检测、分析、描绘和识别四个主要步骤。

客观世界中三维实物经由传感器（如摄像机）成为平面的二维图像，再经处理部件给出景象的描述。应该指出，实际的三维物体形态和特征是相当复杂的，特别是由于识别的背景千差万别，而机器人上视觉传感器的视角又在时刻变化，引起图像时刻发生变化，所以机器人视觉在技术上难度是较大的。

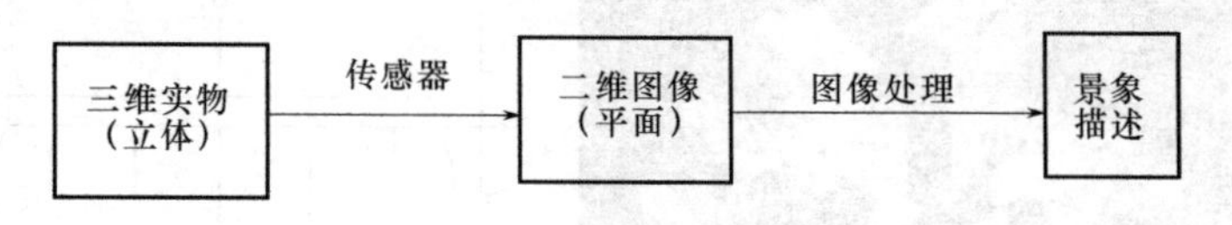

图 6-10　机器人的视觉作用过程

（3）图像识别技术

图像识别技术就是让机器人知道自己所看到的物体就是物体本身而不是其他物体。如不会把扳手当作榔头。显然这需要将事先物体的特征信息存储起来，然后将此信息与所看到的物体信息进行比对。打个比方，就是用摄像头拍摄下你的面部，然后在电脑里面安装相应的软件进行记忆，当你下次开机的时候，摄像头会根据现在的图像以及存储的图像来判断使用者身份，符合要求的就可以开机进入页面，否则进不去，就像密码一样。不过目前的图像识别技术还不是很完善，识别率还不是很高。

4. 嗅觉传感器

人的嗅觉感受器是位于上鼻道及鼻中隔后上部的嗅上皮，两侧总面积约 5cm²。由于它们所处的位置较高，平静呼吸时，气流不易到达，因此在嗅一些不太浓的气味时，要用力吸气，使气流上冲，才能到达嗅上皮。嗅上皮含有三种细胞，即主细胞，支持细胞和基底细胞。主细胞也叫嗅细胞，呈圆瓶状，细胞顶端有 5～6 条短的纤毛，细胞底端有长突，它们组成嗅丝，穿过筛骨直接进入嗅球。嗅细胞的纤毛受到悬浮于空气中的物质分子或溶于水及脂质的物质刺激时，有神经冲动传向嗅球，进而传向更高级的嗅觉中枢，引起嗅觉。

有人分析了 600 种有气味的组合所引起的物质，提出至少存在 7 种基本气味；其他众多的气味则可能由这些基本气体的组合所引起的。这 7 种气味是樟脑味、麝香味、花卉味、薄荷味、乙醚味、辛辣味和腐腥味。大多数具有同样气味的物质，具有共同的分子结构；但也有例外，有些分子结构不同的物质，可能具有相同的气味。实验发现，每个嗅细胞只对一种或两种特殊的气味有反应；还证明嗅球中不同部位的细胞只对某种特殊的气味有反应。这样看来，一个气体传感器就相当于一个嗅细胞。对于人的鼻子来说，不同性质的气味刺激有其相对专用的感受位点和传输线路；非基本的气味则由它们在不同线路上引起的不同数量冲动的组合，在中枢引起特有的主观嗅觉感受。

机器人的嗅觉传感器主要的是采用气体传感器、射线传感器等。多用于检测空气中的化学成分、浓度等，在放射线、高温煤气、可燃性气体以及其他有毒气体的恶劣环境下，开发检测放射线、可燃气体及有毒气体的传感器是很重要的。这对于我们了解环境污染，预防火灾和毒气泄漏报警具有重大的意义。

5. 味觉传感器

人的味觉感受器是味蕾，主要分布在舌背部表面和舌缘、口腔和咽部黏膜表面。每一味蕾由味觉细胞和支持细胞组成。味觉细胞顶端有纤毛，称味毛，由味蕾表面的孔伸出，是味觉感受器的关键部位。

人和动物的味觉系统可以感受和区分出多种味道。很早以前就知道，众多味道是由 4 种基本味觉组合而成，这就是甜、酸、苦和咸。不同物质的味道与它们的分子结构的形式有关。通过味觉传感器技术的发展，人类发现了第五种味道：辛。

机器人的味觉：通过人的味觉研究可以看出，在发展离子传感器与生物传感器的基础上，配合微型计算机进行信息的组合来识别各种味道。通常味觉是对液体进行化学成分的分析。实用的味觉方法有 pH 计、化学分析器等。一般味觉可探测溶于水中的物质，嗅觉探测气体状的物质，而且在一般情况下，当探测化学物质时嗅觉比味觉更敏感。

巩 固 练 习

1. 机器人内部传感器与外部传感器的作用分别是什么？它们分别包括哪些传感器？
2. 触觉传感器的作用是什么？
3. 机器人对人类的影响？

附　录

附录A　热电阻分度表

Pt100 型热电阻分度表

温度/℃	0	1	2	3	4	5	6	7	8	9
	电阻值/Ω									
0	100.00	100.39	100.78	101.17	101.56	101.95	102.34	102.73	103.12	103.51
10	103.90	104.29	104.68	105.07	105.46	105.85	106.24	106.63	107.02	107.40
20	107.79	108.18	108.57	108.96	109.35	109.73	110.12	110.51	110.90	111.29
30	111.67	112.06	112.45	112.83	113.22	113.61	114.00	114.38	114.77	115.15
40	115.54	115.93	116.31	116.70	117.08	117.47	117.86	118.24	118.63	119.01
50	119.40	119.78	120.17	120.55	120.94	121.32	121.71	122.09	122.47	122.86
60	123.24	123.63	124.01	124.39	124.78	125.16	125.54	125.93	126.31	126.69
70	127.08	127.46	127.84	128.22	128.61	128.99	129.37	129.75	130.13	130.52
80	130.90	131.28	131.66	132.04	132.42	132.80	133.18	133.57	133.95	134.33
90	134.71	135.09	135.47	135.85	136.23	136.61	136.99	137.37	137.75	138.13
100	138.51	138.88	139.26	139.64	140.02	140.40	140.78	141.16	141.54	141.91
110	142.29	142.67	143.05	143.43	143.80	144.18	144.56	144.94	145.31	145.69
120	146.07	146.44	146.82	147.20	147.57	147.95	148.33	148.70	149.08	149.46
130	149.83	150.21	150.58	150.96	151.33	151.71	152.08	152.46	152.83	153.21
140	153.58	153.96	154.33	154.71	155.08	155.46	155.83	156.20	156.58	156.95
150	157.33	157.70	158.07	158.45	158.82	159.19	159.56	159.94	160.31	160.68
160	161.05	161.43	161.80	162.17	162.54	162.91	163.29	163.66	164.03	164.40
170	164.77	165.14	165.51	165.89	166.26	166.63	167.00	167.37	167.74	168.11
180	168.48	168.85	169.22	169.59	169.96	170.33	170.70	171.07	171.43	171.80
190	172.17	172.54	172.91	173.28	173.65	174.02	174.38	174.75	175.12	175.49

Pt10 型热电阻分度表

温度/℃	0	10	20	30	40	50	60	70	80	90
	电阻值/Ω									
0	10.000	10.390	10.779	11.167	11.554	11.940	12.324	12.708	13.090	13.471
100	13.851	14.229	14.607	14.983	15.358	15.733	16.105	16.477	16.848	17.217
200	17.586	17.953	18.319	18.684	19.047	19.410	19.771	20.131	20.490	20.448

（续）

温度/℃	0	10	20	30	40	50	60	70	80	90
	电阻值/Ω									
300	21.205	21.561	21.915	22.268	22.621	22.972	23.321	23.670	24.018	24.364
400	24.709	25.053	25.396	25.738	26.078	26.418	26.756	27.093	27.429	27.764
500	28.098	28.430	28.7620	29.092	29.421	29.749	30.075	30.401	30.725	31.049
600	31.371	31.692	32.012	32.33	32.648	32.964	33.279	33.593	33.906	34.218
700	34.528	34.838	35.146	35.453	35.759	36.064	36.367	36.670	36.971	37.271
800	37.570	37.868	38.165	38.460	38.755	39.048				

Cu50 型热电阻分度表

温度/℃	-50	-40	-30	-20	-10			
电阻值/Ω	39.242	41.400	43.555	45.706	47.854			
温度/℃	0	10	20	30	40	50	60	70
电阻值/Ω	50.000	52.144	54.285	56.426	58.565	60.704	62.842	64.981
温度/℃	80	90	100	110	120	130	140	150
电阻值/Ω	67.120	69.259	71.400	73.542	75.686	77.833	79.982	82.134

附录 B　热电偶分度表

铂铑 10-铂热电偶（S 型）分度表

（参考端温度为 0℃）

温度/℃	0	10	20	30	40	50	60	70	80	90
	热电动势/mV									
0	0.000	0.055	0.113	0.173	0.235	0.299	0.365	0.432	0.502	0.573
100	0.645	0.719	0.795	0.872	0.950	1.029	1.109	1.190	1.273	1.356
200	1.440	1.525	1.611	1.698	1.785	1.873	1.962	2.051	2.141	2.232
300	2.323	2.414	2.506	2.599	2.692	2.786	2.880	2.974	3.069	3.164
400	3.260	3.356	3.452	3.549	3.645	3.743	3.840	3.938	4.036	4.135
500	4.234	4.333	4.432	4.532	4.632	4.732	4.832	4.933	5.034	5.136
600	5.237	5.339	5.442	5.544	5.648	5.751	5.855	5.960	6.065	6.169
700	6.274	6.380	6.486	6.592	6.699	6.805	6.913	7.020	7.128	7.236
800	7.345	7.454	7.563	7.672	7.782	7.892	8.003	8.114	8.255	8.336
900	8.448	8.560	8.673	8.786	8.899	9.012	9.126	9.240	9.355	9.470

镍铬-镍硅热电偶（K 型）分度表

（参考端温度为 0℃）

温度/℃	0	10	20	30	40	50	60	70	80	90
	热电动势/mV									
0	0.000	0.397	0.798	1.203	1.611	2.022	2.436	2.850	3.266	3.681
100	4.095	4.508	4.919	5.327	5.733	6.137	6.539	6.939	7.338	7.737
200	8.137	8.537	8.938	9.341	9.745	10.151	10.560	10.969	11.381	11.793
300	12.207	12.623	13.039	13.456	13.874	14.292	14.712	15.132	15.552	15.974
400	16.395	16.818	17.241	17.664	18.088	18.513	18.938	19.363	19.788	20.214
500	20.640	21.066	21.493	21.919	22.346	22.772	23.198	23.624	24.050	24.476
600	24.902	25.327	25.751	26.176	26.599	27.022	27.445	27.867	28.288	28.709
700	29.128	29.547	29.965	30.383	30.799	31.214	31.214	32.042	32.455	32.866
800	33.277	33.686	34.095	34.502	34.909	35.314	35.718	36.121	36.524	36.925
900	37.325	37.724	38.122	38.915	38.915	39.310	39.703	40.096	40.488	40.879
1000	41.269	41.657	42.045	42.432	42.817	43.202	43.585	43.968	44.349	44.729
1100	45.108	45.486	45.863	46.238	46.612	46.985	47.356	47.726	48.095	48.462
1200	48.828	49.192	49.555	49.916	50.276	50.633	50.990	51.344	51.697	52.049
1300	52.398	52.747	53.093	53.439	53.782	54.125	54.466	54.807	—	—

附录 C　传感器输出信号处理技术简介

传感器使用时需与专用的测量电路有效结合才能发挥其功能，理想的传感器电路不仅能使其正常工作，还能在一定程度上克服传感器本身的不足，扩展其功能，使传感器的功能得到充分的发挥。同时，为使传感器的输出信号能用于仪器、仪表的显示或控制，往往要对输出信号进行必要的加工处理。

1. 传感器输出信号的形式

由于传感器种类繁多，传感器的输出形式也是各式各样的。例如，尽管同是压力传感器，应变片随压力变化输出的是不同的电阻值，压电片随压力变化输出的是不同的电荷值，附表 C-1 列出了传感器输出信号的一般形式。

附表 C-1　传感器输出信号的一般形式

输出形式	输出变化量	传感器的例子
开关信号型	机械触点	双金属温度传感器
	电子开关	霍耳开关式集成传感器
模拟信号型	电压	热电偶、磁敏元件、气敏元件
	电流	光敏二极管
	电阻	热敏电阻、应变片
	电容	电容式传感器
	电感	电感式传感器
其他	频率	多普勒速度传感器、谐振式传感器

2. 传感器输出信号的特点

1）传感器输出的信号通常是动态的，类型有电压、电流、电阻、电容、电感、频率等。

2）输出的电信号一般都比较弱，如电压信号通常为 μV—mV 级，电流信号为 nA—mA 级。

3）传感器内部存在噪声，输出信号会与噪声信号混合在一起，当噪声比较大而输出信号又比较弱时，常会使有用信号淹没在噪声之中。

4）传感器的输出信号动态范围很宽。输出信号随着物理量的变化而变化，但它们之间的关系不一定是线性比例关系，例如，热敏电阻值随温度变化按指数函数变化。输出信号大小会受温度的影响，有温度系数存在。

5）传感器的输出信号受外界环境（如温度、电场）的干扰。

6）传感器的输出阻抗都比较高，这样会使传感器信号输入到测量电路时，产生较大信号衰减。

根据传感器输出信号的特点，采取不同的信号处理方法来提高测量系统的测量精度和线性度，这正是传感器信号处理的目的。另外，传感器在测量过程中常掺杂有许多噪声信号，它会直接影响测量系统的精度，因此抑制噪声也是传感器信号处理的重要内容。

3. 传感器输出信号处理类型

传感器输出信号的处理主要由传感器的接口电路完成。因此传感器接口电路应具有一定信号预处理的功能。经预处理后的信号，应成为可供测量、控制使用及便于向微型计算机输出的信号形式。接口电路对不同的传感器是完全不一样的，其典型应用电路见附表 C-2。

附表 C-2　典型的传感器接口电路

接 口 电 路	对信号的预处理功能
阻抗变换电路	在传感器输出为高阻抗的情况下，变换为低阻抗、以便于检测电路准确地拾取传感器的输出信号
放大变换电路	将微弱的传感器输出信号放大
电流电压转换电路	将传感器的电流输出转换成电压
电桥电路	把传感器的电阻、电容、电感变化为电流或电压
频率电压转换电路	把传感器输出的频率信号转换为电流或电压
电荷放大器	将电场型传感器输出产生的电荷转换为电压
有效值转换电路	在传感器为交流输出的情况下，转为有效值、变为直流输出
滤波电路	通过低通及带通滤波器的噪声成分
线性化电路	在传感器的特性不是线性的情况下，用来进行线性校正
对数压缩电路	当传感器输出信号的动态范围较宽时，用对数电路进行压缩

4. 传感器输出信号的干扰及控制技术

传感器或检测装置需要在各种不同的环境中工作，于是噪声与干扰不可避免地要作为一种输入信号进入传感器与检测系统中。因此系统就不可避免地会受到各种外界因素和内在因素的干扰。为了减小测量误差，在传感器及检测系统设计与使用过程中，应尽量减少或消除噪声与干扰的影响。

干扰的类型：机械干扰、热干扰、光干扰、化学干扰、电磁干扰、辐射干扰。

噪声与干扰的要素：噪声源、通道、接收电路。

噪声与干扰的控制就是如何阻断干扰的传输途径和耦合通道。检测装置的干扰噪声控制方法常采用的有屏蔽技术、接地技术、隔离技术、滤波器等硬件抗干扰措施，以及冗余技术、陷阱技术等微机软件抗干扰措施。对其他种类干扰可采用隔热、密封、隔振及蔽光等措施，或在转换为电量后对干扰进行分离或抑制。

参 考 文 献

[1] 王润．传感器基础知识［M］．北京：中国劳动社会保障出版社，2009.
[2] 于彤．传感器原理及应用［M］．北京：机械工业出版社，2007.
[3] 张玉莲．传感器与自动检测技术［M］．北京：机械工业出版社，2009.
[4] 王健婷．传感器及应用［M］．北京：中国劳动社会保障出版社，2007.
[5] 林红华，聂辉海，陈红云．电子产品模块电路及应用［M］．北京：机械工业出版社，2011.
[6] 裴蓓．现代传感技术［M］．北京：电子工业出版社，2010.
[7] 吴旗．传感器及应用［M］．北京：高等教育出版社，2010.
[8] 杨少春．传感器原理及应用［M］．北京：电子工业出版社，2011.
[9] 赵珺蓉．传感器技术及应用［M］．北京：高等教育出版社，2010.